住宅格局
设计

［日］高野保光
日本游空间设计室　著
薛晓诞　译

北 京 出 版 集 团

北京美术摄影出版社

目 录

第一章
用地

连接内外空间

第二章
居所

设计舒适的环境

第三章
房间

兼顾功能与美感

第四章
光

调节阴影

第五章
细节

追求便利与舒适

照片：之字形的家

用地

连接内外空间

我家院子只有巴掌大，但春天一到，小蔓长春花就次第绽开小巧的紫花。院中既有白天阳光充足的地方，也有只能分到几缕晨光或夕照的角落。即使是同一种花，在不同的地点也会呈现出不同的姿态和色调。这纤弱又顽强的生命，能坦然接纳并反映细微的环境差异，令人惊异。日复一日，我也切实体会到每片用地都有独特的光照与环境。

日本传统住宅通过庭院将时刻变幻的光、流动的风和四季景观引入室内，甚至投射在居住者心中——深深的屋檐挡住阳光，障子[1]过滤光线，室内笼罩在温和的散射光中。虽然日本夏天高温潮湿，冬天寒冷干燥，气候等自然条件严酷，但传统住宅依旧保持着与庭院的联系，满足了四季生活所需的功能，还具备了简朴、清澄的美感。

随着经济发展，出现了"郊外"的概念，千篇一律的风景变得随处可见，每块土地的独特性和地域特点日益难以辨识。20世纪初，日本简洁的美学观念曾深深影响着欧洲建筑和现代艺术。而如今，这种美学似乎销声匿迹。

亲身踏勘住宅用地，想象沉淀于斯的时光与生活，与阳光、清风和植物对话，就能感知用地特有的价值。每块用地不应雷同或抽象。今后的住宅设计或许必须找回土地的独特性。这想必也会影响到居住者的身份认同感和舒适度。正因为现代房屋性能优越，住宅才更需要与具体场所的光、风及氛围相关联，让人们感受四季，令内外空间和谐交融。

译注：
[1]障子：一种日式透光推拉门窗，主要由木框、细棂条骨架、单面裱糊的和纸组成。

第一章

设计从踏上用地开始

　　设计的第一步要对规划的住宅用地及其周边进行观察，用身体感受整个环境。

　　到达现场后，不但要考察用地的边界、高差、设备配置和住宅前道路，还要确认日照、通风、排水和地基条件。然后在用地上站立、走动，环视那里呈现出的风景；去用地周围散步，远眺这片土地……与其说是细致观察，不如说是倾听身心的感受。一边想象这片土地的历史、昼夜和四季轮回，一边凝视、考量用地，这样就能逐渐推断人在何处才能惬意停留，多高的楼面才能安静又令人安心。当然，停车空间等事项也会大大影响整个设计，因此要牢记业主提出的要求。

从东侧道路看到的建筑外观。用地东面、北面沿路栽有榉树。为了和那片茂盛的绿树相呼应，用地内也种植了高挑的树木，绿意盎然。

从踏勘到设计

"宇都宫之家"一层平面图【1:150】

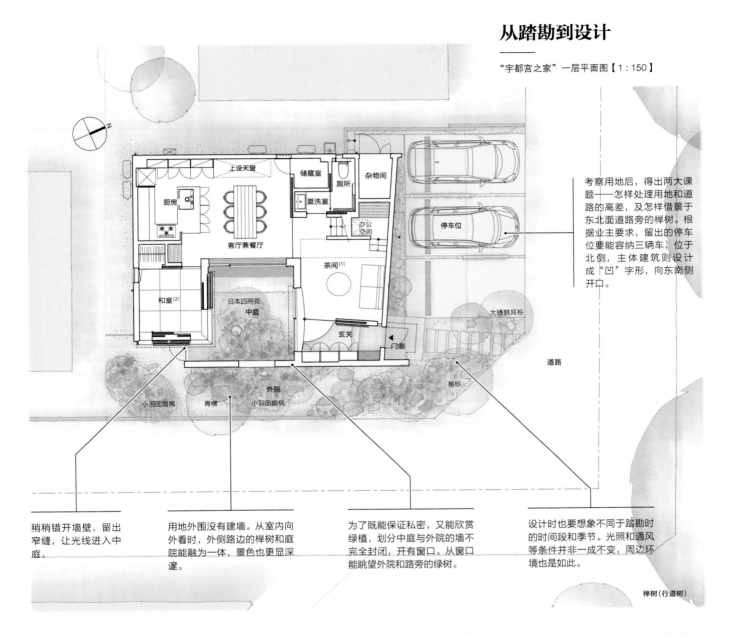

考察用地后，得出两大课题——怎样处理用地和道路的高差，及怎样借景于东北面道路旁的榉树。根据业主要求，留出的停车位要能容纳三辆车，位于北侧，主体建筑则设计成"凹"字形，向东南侧开口。

榉树（行道树）

稍稍错开墙壁，留出窄缝，让光线进入中庭。

用地外围没有建墙。从室内向外看时，外侧路边的榉树和庭院能融为一体，景色也更显深邃。

为了既能保证私密，又能欣赏绿植，划分中庭与外院的墙不完全封闭，开有窗口。从窗口能眺望外院和路旁的绿树。

设计时也要想象不同于踏勘时的时间段和季节。光照和通风等条件并非一成不变，周边环境也是如此。

站在面向中庭的二层屋顶阳台，看东侧外院的树木和远处的榉树。绿树阻挡了来自外部的视线，同时从内向外延伸。

译注：
[1] 茶间：原本是日本江户时代（1603—1867）中期后出现在武士住宅的空间，多位于厨房周围，供家人用餐、团聚，相当于起居室。如今日本住宅中的茶间也多采用日式风格，铺榻榻米、放矮桌，可席地而坐。此处"茶间"没有铺榻榻米，但摆放了圆形矮桌。
[2] 和室：采用日本传统式样的房间，主要特征为用榻榻米铺地，安装障子、袄等日式隔扇，设有凹间等。

用设计延续记忆

　　每片土地都有独特的故事和生命力。踏勘时，我总会有所发现，并为之惊奇。设计住宅时，应该想象那里的过去并思考它的当下，再考量今后每位家庭成员的生活方式和要求。用全新的设计来继承场所和建筑的"记忆"——这正是我想设计的住宅。

　　"之字形的家"所在的土地上曾居住着业主的祖父母。住宅有两层楼高，但沿街房屋设计得较矮，以便让新居和老宅一样静静矗立在绿树之间。

　　书中设计图尺寸单位若无特殊说明均为毫米。

想象用地埋藏的记忆

"之字形的家"
老宅速写

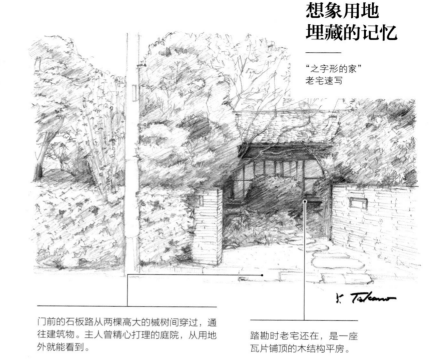

K. Takano

门前的石板路从两棵高大的槭树间穿过，通往建筑物。主人曾精心打理的庭院，从用地外就能看到。

踏勘时老宅还在，是一座瓦片铺顶的木结构平房。

新居的设计力求延续用地的"记忆"。老宅的枫树原封不动，石板甬道通往低矮的建筑物。

译注：

[1] 帖：或称“叠”，是计算榻榻米张数的量词，也用来估算房间面积。由于日本各地榻榻米大小有差异，相应面积也不同。根据日本房地产广告相关法规，用帖数表示房间面积时，一帖约为 1.62 平方米。本书按照 1 帖等于 1.62 平方米换算。

[2] 露地：原本指没有屋顶遮挡的裸露的地面，后指草庵型茶室的庭院，又称“茶庭”。露地中常点缀着石板路、净手石钵、石灯笼和草木。品茶人在石板路引领下，边赏景，边从外界移步茶室，因此露地既是庭院，也是通路。如果露地由中门划为两进，则中门以内为“内露地”、以外为“外露地”。此处玄关前的庭院也是门前甬道，引导住户和访客从院门走向玄关，功能与露地类似。

用设计续写土地记忆

“之字形的家”
一层平面图【1：100】

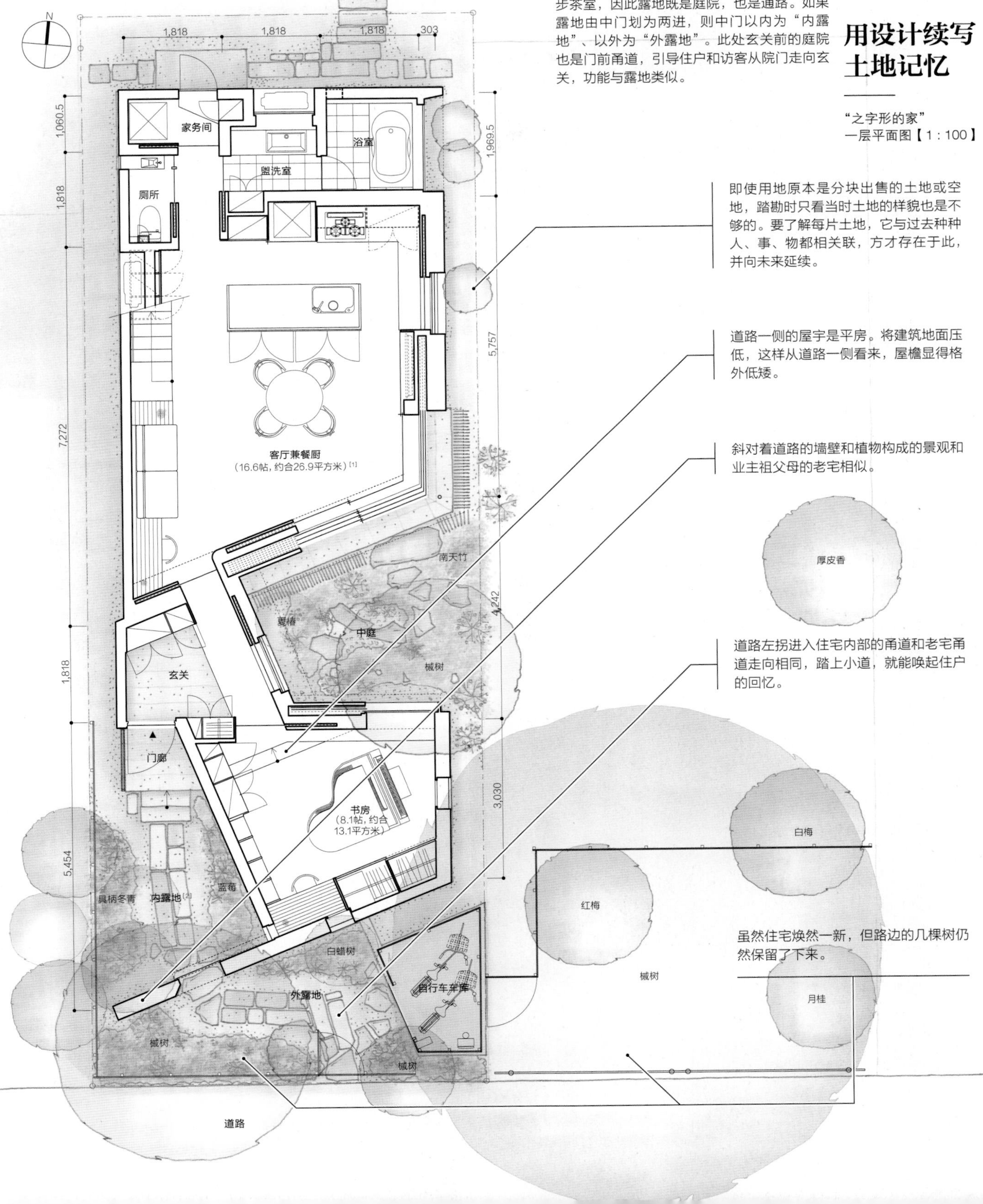

N
1,818
1,818
1,818
303
1,060.5
1,818
7,272
1,818
5,454
1,969.5
5,757
4,242
3,030
家务间
浴室
盥洗室
厕所
客厅兼餐厨
（16.6帖，约合26.9平方米）[1]
南天竹
夏椿
中庭
槭树
玄关
门廊
书房
（8.1帖，约合13.1平方米）
具柄冬青
内露地[2]
蓝莓
白蜡树
外露地
自行车车库
槭树
槭树
道路
厚皮香
白梅
红梅
槭树
月桂
即使用地原本是分块出售的土地或空地，踏勘时只看当时土地的样貌也是不够的。要了解每片土地，它与过去种种人、事、物都相关联，方才存在于此，并向未来延续。
道路一侧的屋宇是平房。将建筑地面压低，这样从道路一侧看来，屋檐显得格外低矮。
斜对着道路的墙壁和植物构成的景观和业主祖父母的老宅相似。
道路左拐进入住宅内部的甬道和老宅甬道走向相同，踏上小道，就能唤起住户的回忆。
虽然住宅焕然一新，但路边的几棵树仍然保留了下来。

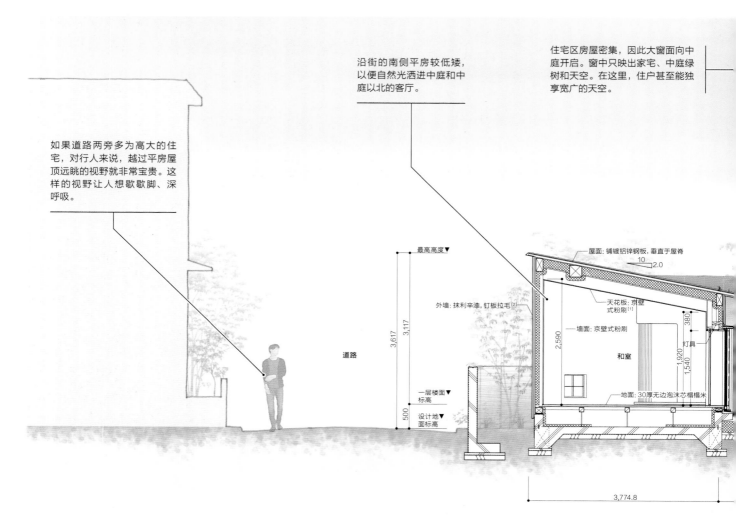

住宅区房屋密集，因此大窗面向中庭开启。窗中只映出家宅、中庭绿树和天空。在这里，住户甚至能独享宽广的天空。

沿街的南侧平房较低矮，以便自然光洒进中庭和中庭以北的客厅。

如果道路两旁多为高大的住宅，对行人来说，越过平房屋顶远眺的视野就非常宝贵。这样的视野让人想歇歇脚、深呼吸。

屋面：铺镀铝锌钢板，垂直于屋脊

10 2.0

外墙：抹利辛漆，钉板拉毛 [2]

天花板：京壁式粉刷 [1]

墙面：京壁式粉刷

灯具

和室

地面：30厚无边泡沫芯榻榻米

最高高度▼

3,617
3,117
2,590
500
380
1,920
1,540

一层楼面标高▼

设计地面标高▼

道路

3,774.8

译注：
[1] 京壁式粉刷：日本的传统粉刷方式之一，产生并流行于以京都为中心的关西地区，涂料采用京都附近的泥土和粗细均匀的沙子、稻草碎屑的混合物，色彩多为沉稳的浅黄、浅褐色等。
[2] 利辛漆（lithin）：是日本常用的外墙涂料之一，主要原料为细沙、丙烯酸树脂和水泥，可以涂刷出沙壁效果。"lithin"一词则来源于昭和时代（1926—1989）初期从德国进口的涂料。钉板拉毛是日本的传统装饰抹灰工艺之一，指用钉板等工具在涂层表面打圈、拉动，使表面粗糙，甚至呈现条纹肌理。

站在路边只能看到部分平房。行人视野开阔，可以远眺天空。这一带的街边，两层高的住宅像城墙一样连绵不断，因此这样的风景尤为难得。

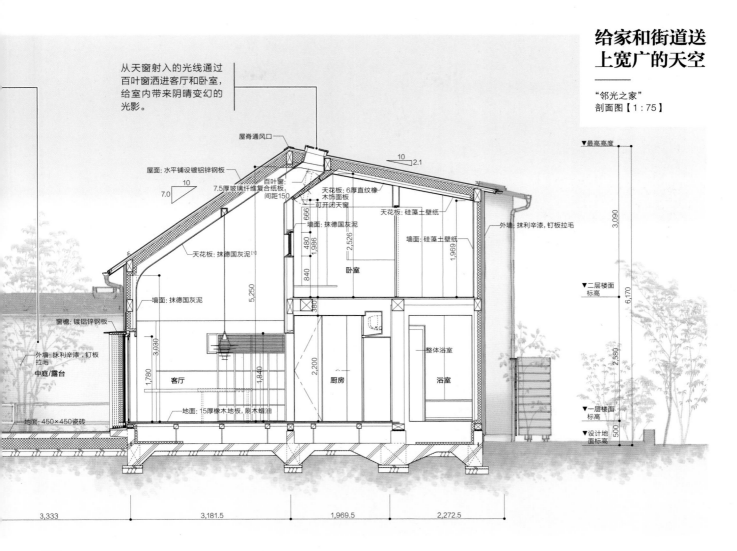

从天窗射入的光线通过百叶窗洒进客厅和卧室，给室内带来阴晴变幻的光影。

给家和街道送
上宽广的天空

"邻光之家"
剖面图【1:75】

屋脊通风口

屋面：水平铺设镀铝锌钢板

百叶窗：
7.5厚玻璃纤维复合纸板，间距150

天花板：6厚直纹橡木饰面板
町开闭天窗

天花板：硅藻土壁纸

墙面：抹德国灰泥

10　2.1

10
7.0

天花板：抹德国灰泥[1]

墙面：硅藻土壁纸

外墙：抹利辛漆，钉板拉毛

墙面：抹德国灰泥

卧室

窗台：镀铝锌钢板

外墙：抹利辛漆，钉板拉毛

中庭/露台

整体浴室

浴室

地面：450×450瓷砖

客厅

厨房

地面：15厚橡木地板，刷木蜡油

▼最高高度

3,090

▼二层楼面标高

6,170

2,580

▼一层楼面标高

500

▼设计地面标高

5,250
3,030
1,780　1,840
666　480　1,986
840
2,526
1,969
380
2,200

3,333　3,181.5　1,969.5　2,272.5

译注：
[1] 德国灰泥：指德国 Kreidezeit 公司生产的天然灰泥，主要原料包括大理石粉末、高岭土、石灰乳和甲基纤维素等。

挖掘并展现用地魅力

设计的最大乐趣之一，就是通过踏勘找到土地的魅力，将其体现于建筑布局。当然，有些设计手法甚至能把用地的所谓缺陷转变成亮点。比如，这片住宅区的窄巷两侧，密密麻麻排满了二层、三层高的楼房。如果住宅能让视线不受遮挡并看到宽阔的蓝天，想必会无比舒畅的。

"邻光之家"坐落于住宅密集的街区，内设中庭。虽然四周满是邻家楼房，但窗户的位置和大小经过调整，因此住户从窗户眺望时看不到其他住宅。走到中庭露台，眼前是翠绿的日本紫茎，抬头只见澄澈开阔的蓝天。另外，沿街建筑设计成平房，以拓宽行人的视野。

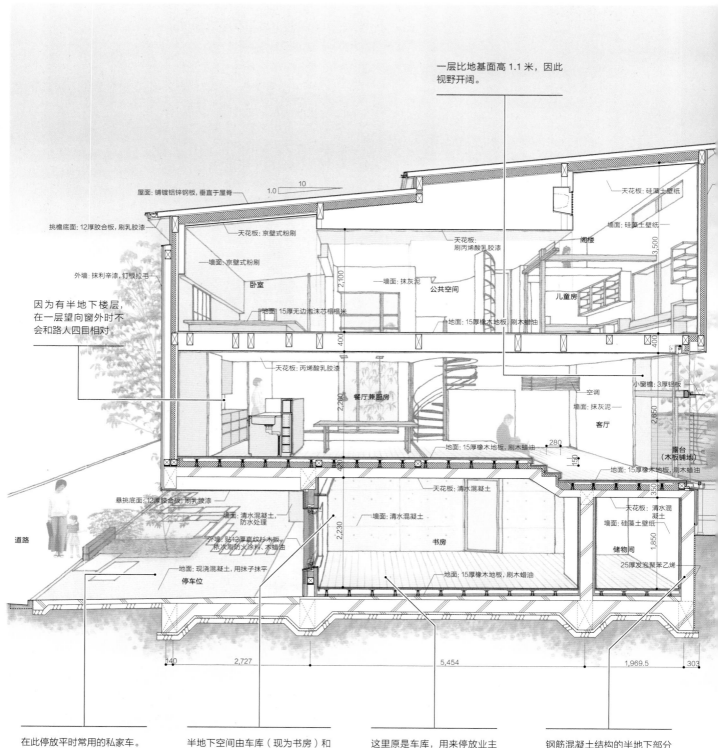

一层比地基面高 1.1 米，因此视野开阔。

屋面：铺镀铝锌钢板，垂直于屋脊

挑檐底面：12厚胶合板，刷乳胶漆

外墙：抹利辛漆，钉板拉毛

因为有半地下楼层，在一层望向窗外时不会和路人四目相对。

天花板：硅藻土壁纸

墙面：硅藻土壁纸

阁楼

天花板：京壁式粉刷

天花板：刷丙烯酸乳胶漆

墙面：京壁式粉刷

卧室

公共空间

儿童房

地面：15厚无边泡沫芯榻榻米

墙面：抹灰泥

地面：15厚橡木地板，刷木蜡油

天花板：丙烯酸乳胶漆

餐厅兼厨房

空调

小窗檐：3厚铝板

墙面：抹灰泥

客厅

露台（木板铺地）

地面：15厚橡木地板，刷木蜡油

地面：15厚橡木地板，刷木蜡油

道路

悬挑底面：12厚胶合板，刷乳胶漆

墙面：清水混凝土，防火处理

外墙：贴12厚直纹杉木板，依次刷防火涂料、木蜡油

地面：现浇混凝土，用抹子抹平

停车位

天花板：清水混凝土

墙面：清水混凝土

书房

天花板：清水混凝土

墙面：硅藻土壁纸

储物间

地面：15厚橡木地板，刷木蜡油

25厚发泡聚苯乙烯

140 | 2,727 | 5,454 | 1,969.5 | 303

在此停放平时常用的私家车。

半地下空间由车库（现为书房）和玄关组成。通过让建筑与道路留出距离，住宅与街区的关系便更从容，毫无压抑、局促之感。

这里原是车库，用来停放业主收藏的老爷车。

钢筋混凝土结构的半地下部分也是挡土墙。

将难点变作亮点

"千驮木之家"
剖面透视图【1：75】

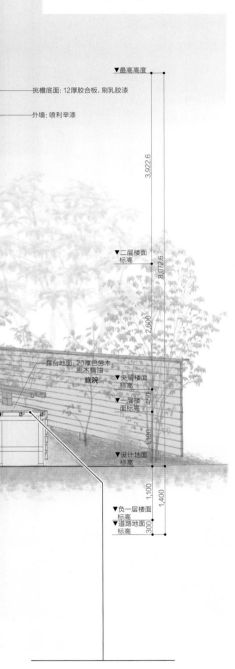

▼最高高度

挑檐底面：12厚胶合板，刷乳胶漆

外墙：喷利辛漆

3,922.6

▼二层楼面
标高

8,072.6

2,600

露台地面：20厚巴劳木，
刷木蜡油
庭院

▼夹层楼面
标高
▼层楼
面标高

450

1,100

▼设计地面
标高

1,100

1,400

▼负一层楼面
标高
▼道路地面
标高

300

由于一层和庭院有高差，所以设露
台衔接室内外空间。

在设计中活用高差

设计用地和道路有高差的住宅时，尤其要注意包括甬道和庭院在内的整个住宅与道路的连接方式，以及沿街一带呈现的面貌。在设计之初，就应该画住宅及用地的剖面、侧面速写，制作模型，在垂直方向上展开想象，逐步构思立体的设计方案。

"千驮木之家"用地比道路高一米。在用地上修建了钢筋混凝土结构的半地下车库，将车库上方的二层木结构建筑作为居住空间。一层的楼面高度，令住户不用在意行人的视线，和庭院的衔接也较顺畅。入口甬道部分的土石被挖除，这样挡土墙不会矗立在路边，行人也丝毫不会感到压抑。

从道路一侧看住宅正面。除了和道路持平的入口处，在远处台阶上端、用地高起的部分也能看见植物。高低错落的绿植装点着街道。

让家成为街景

　　住宅一幢挨着一幢，错落有致，构成街景。想让住宅的沿街立面足够美观，在设计时就应考虑住宅融入街道的方式。

　　"内露地之家"附近的住宅不约而同地沿路筑墙，院门紧贴玄关，连植物都少有栽种。这样的街景会令行人感到压抑，因此这栋住宅中，围墙不沿街，而是与建筑主体相融合。墙体下缘架高，并增添绿化，让街景更有生气。墙下的空隙，不但成了植物的幽深背景，夜幕降临时灯光还会倾泻而出，散发生活气息。墙围出的私密空间，也是通往玄关的走廊。它好似茶室的内露地，笼罩在寂静中。

内露地弥漫着柔和的光，行走其中，不觉狭窄。

椤条间透出光亮。从架高的墙下露出的灯光为行人照亮前路。（季刊《住。》第 34 期，2010 年　泰文馆出版）

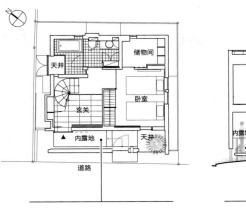

缝隙间
透出灯火与
生活气息

"内露地之家"
左：一层平面图【1：200】
右：剖面图（部分）【1：200】

路边以及门前走廊下方都种植了灌木和地被植物。它们不仅给街道增添了绿色，也成为路人眼中的风景线。透过木栅，隐约可见天井内的草木。（季刊《住。》第34期，2010年　泰文馆出版）

钻进门洞，经内露地来到玄关前。内露地通过脚边缝隙和天井，与绿植及外界融通。虽然用地狭小，玄关前的空间依旧形成了枝繁叶茂的前院。

内露地具有门前甬道的功能。架高的地面如同飘浮在空中，十分灵动。

钻进门洞
从内露地走向玄关

"内露地之家"立面图【1：75】

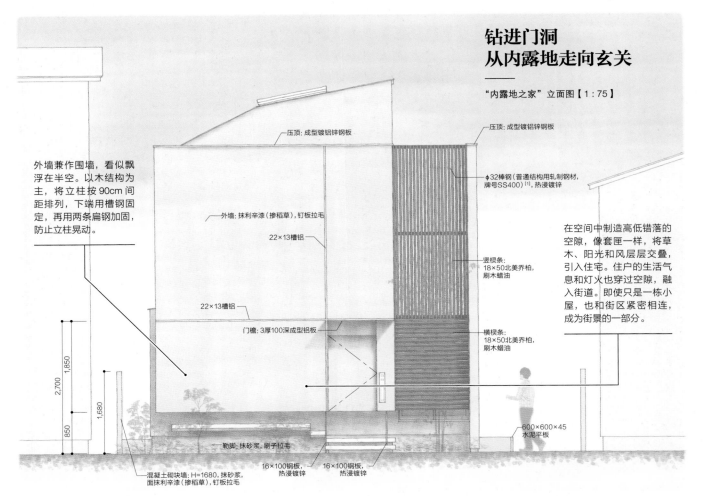

外墙兼作围墙，看似飘浮在半空。以木结构为主，将立柱按90cm间距排列，下端用槽钢固定，再用两条扁钢加固，防止立柱晃动。

压顶: 成型镀铝锌钢板

压顶: 成型镀铝锌钢板

外墙: 抹利辛漆(掺稻草)，钉板拉毛

22×13槽铝

φ32棒钢(普通结构用轧制钢材，牌号SS400)[1]，热浸镀锌

竖棂条:
18×50北美乔柏，
刷木蜡油

22×13槽铝

门楣:3厚100深成型铝板

横棂条:
18×50北美乔柏，
刷木蜡油

在空间中制造高低错落的空隙，像套匣一样，将草木、阳光和风层层交叠，引入住宅。住户的生活气息和灯火也穿过空隙，融入街道。即使只是一栋小屋，也和街区紧密相连，成为街景的一部分。

600×600×45
水泥平板

2,700
1,850
850
1,680

勒脚: 抹砂浆，刷子拉毛

混凝土砌块墙: H=1680，抹砂浆，面抹利辛漆(掺稻草)，钉板拉毛

16×100钢板，
热浸镀锌

16×100钢板，
热浸镀锌

译注：
[1] 指符合日本产业规格的钢材。其中，牌号400是最具代表性的一种。

直棂窗造就温软风景

建筑北侧立面，粉墙与黑色直棂窗相映衬，如传统民居般沉静。

　　走在京都、金泽、高山[1]等古城，町家[2]门面的直棂窗引人注目。我们在那些建筑的面貌中感知到的温暖与柔和，可能来自棂条间细微的阴影和木材的质感。

　　正是这种直棂窗，装点着"石神井町之家 II"的正面。窗面朝街道，撑满了二层面宽。窗外除了能看到街道，还能远眺神社的绿树和宽广的天空。棂条既能透光、通风，又能遮挡路上行人的视线，可谓一物多用。住户能从室内清楚地看到室外，因此在赏景的同时，也会感到内部空间得到拓宽。夜幕降临时，室内灯火从直棂窗透出，温情脉脉地迎接家人归来，也给街区带来温暖与平和。

译注：
[1] 金泽：日本海沿岸石川县首府；高山：岐阜县北部飞驒地区中心城市。
[2] 町家：日本的传统城市建筑形式之一，出现于平安时代（794—1192）。到江户时代，从事工商业的城镇居民多在其中生活、经商。町家的特征之一就是，主体建筑在沿街设店面，店面外墙安装直棂窗。江户时代的日本城市，街道两侧町家鳞次栉比，连绵不断的直棂窗店面也成为城市景观的一部分。

仰望正面的直棂窗。窗内百褶卷帘低垂，窗外棂条掩映灯光。这种生活气息也让行人心有慰藉。

在现代家居中
运用直棂窗

"石神井町之家 II"
剖面详图（部分）【1：60】

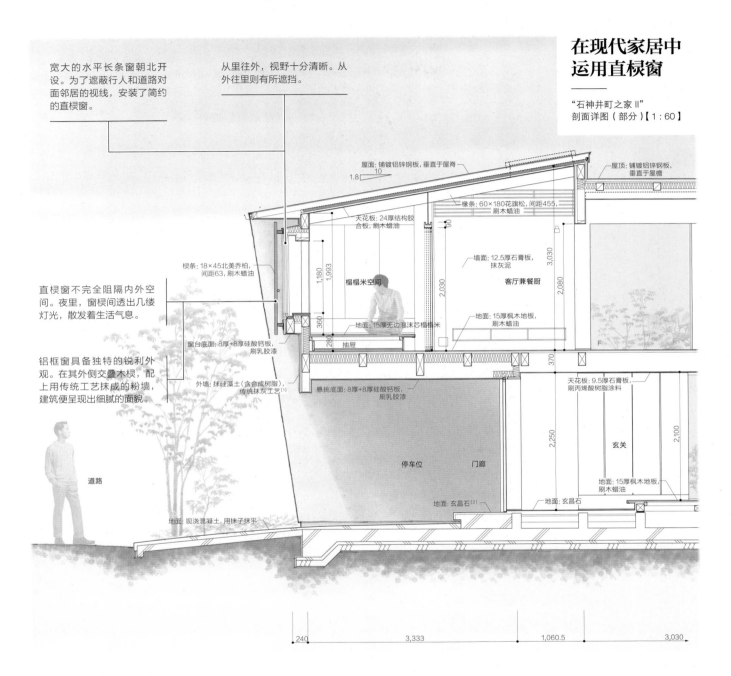

宽大的水平长条窗朝北开设。为了遮蔽行人和道路对面邻居的视线，安装了简约的直棂窗。

从里往外，视野十分清晰。从外往里则有所遮挡。

直棂窗不完全阻隔内外空间。夜里，窗棂间透出几缕灯光，散发着生活气息。

铝框窗具备独特的锐利外观。在其外侧交叠木棂，配上用传统工艺抹成的粉墙，建筑便呈现出细腻的面貌。

道路

屋面：铺镀铝锌钢板，垂直于屋脊
1.8   10

屋顶：铺镀铝锌钢板，垂直于屋檐

椽条：60×180花旗松，间距455，刷木蜡油

天花板：24厚结构胶合板，刷木蜡油

墙面：12.5厚石膏板，抹灰泥

客厅兼餐厨

棂条：18×45北美乔柏，间距63，刷木蜡油

榻榻米空间

1,180
1,993
360
90
3,030
2,030
2,080

地面：15厚无边泡沫芯榻榻米

地面：15厚枫木地板，刷木蜡油

抽屉

F

窗台底面：8厚+8厚硅酸钙板，刷乳胶漆

外墙：抹硅藻土（含合成树脂），传统抹灰工艺[1]

悬挑底面：8厚+8厚硅酸钙板，刷乳胶漆

370

天花板：9.5厚石膏板，刷丙烯酸树脂涂料

停车位
门廊

2,250
2,100

玄关

地面：玄昌石[2]

地面：玄昌石

地面：15厚枫木地板，刷木蜡油

地面：现浇混凝土，用抹子抹平

240   3,333   1,060.5   3,030

从客厅看榻榻米一侧的窗户。透过棂条，街景依稀可见。

译注：
[1] 传统抹灰工艺：即"左官"，这也是日本抹灰工的名称。"左官"一词出自古代宫廷抹灰工匠的官衔（四等官中的"主典"，在日语中音同"左官"）。左官的工作内容包括用尖头抹子对墙面、地面进行抹灰，所用材料包括日本传统灰泥和硅藻土等。熟练的工匠能用抹子在面层抹出丰富的纹样。
[2] 玄昌石：泥岩层状堆积形成的石材，是粘板岩的一种。

在玄关用简约设计整合功能

　　玄关是住宅的门面，可以把邮箱、门牌和对讲机等小物件设计成一体。杂物散乱的玄关会让整个住宅设计功亏一篑，所以设计时应留出储物空间，来保管室外使用的物品。

　　"常盘之家"是所谓的"窄小住宅"，但包括停车位的玄关部分外观却很清爽。门廊处斜向的墙上设有壁龛，整合了邮箱等物件，下方根据业主要求安装了洗手池。楼梯下方设有可从室外开闭的杂物间，可以停放家中的三辆自行车。站在路边看去，无从知晓这些"功能"，只见住宅笼罩在寂静中。

朝向道路部分的建筑东侧外观。容易散落在玄关前的杂物被紧凑地收纳起来，因此住宅正面显得清爽又静谧。

玄关前的壁龛不但设置了对讲机和邮件投递口（上图），还安装了洗手池（下图），并统一了面材，使之成为一个整体。设计时没有将日常所需的功能一字排开，而是精简、协调多种要素，隐蔽地纳入空间。

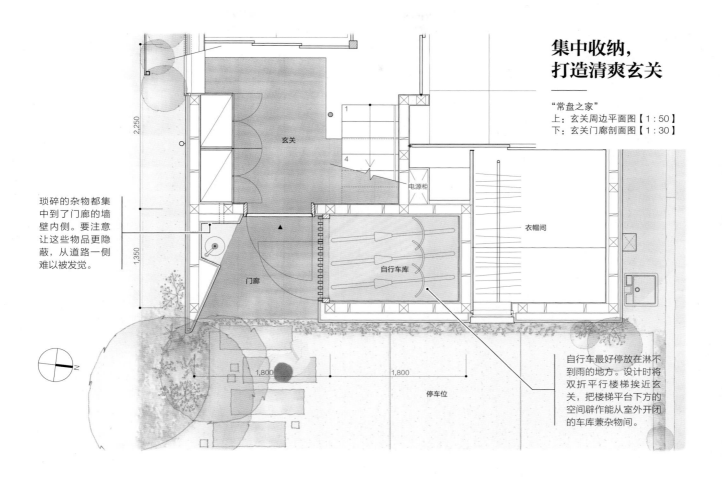

集中收纳，
打造清爽玄关

"常盘之家"
上：玄关周边平面图【1:50】
下：玄关门廊剖面图【1:30】

琐碎的杂物都集中到了门廊的墙壁内侧。要注意让这些物品更隐蔽，从道路一侧难以被发觉。

玄关

电源柜

衣帽间

门廊

自行车库

1,800

1,800

停车位

自行车最好停放在淋不到雨的地方。设计时将双折平行楼梯挨近玄关，把楼梯平台下方的空间辟作能从室外开闭的车库兼杂物间。

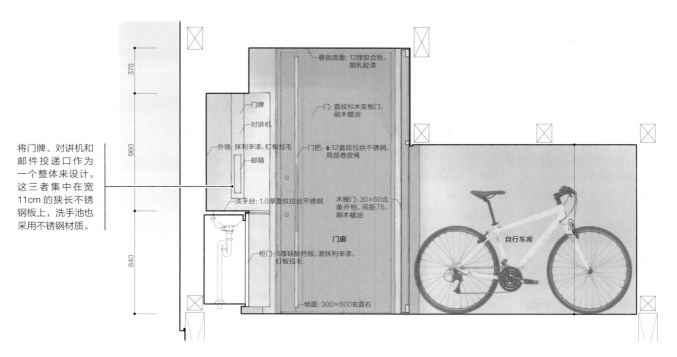

将门牌、对讲机和邮件投递口作为一个整体来设计。这三者集中在宽11cm的狭长不锈钢板上，洗手池也采用不锈钢材质。

370

960

840

悬挑底面：12厚胶合板，刷乳胶漆

门牌

对讲机

门：直纹杉木夹板门，刷木蜡油

外墙：抹利辛漆，钉板拉毛

门把：φ32直纹拉丝不锈钢，局部卷皮绳

邮箱

洗手台：1.0厚直纹拉丝不锈钢

木栅门：30×60北美乔柏，间距75，刷木蜡油

门廊

柜门：6厚硅酸钙板，面抹利辛漆，钉板拉毛

自行车库

地面：300×600玄昌石

展示与收纳并重，保持美观整洁

如果住宅中停车位和围墙比屋宇更醒目，就算不上优美。即使用地不大，也要让庭院和建筑成为主角，融入街景——那才是我想建造的美好居所。

在"千驮木之家"，没有面向道路的围墙。几个高约30cm的小栅栏竖在路边，成为"心理上的隔断"，类似于止步石[1]。建筑用简洁的正面朝向道路，门前植物和花岗岩石板路点缀其间。要是自行车、儿童三轮车随意停放门前，就毫无整洁可言，所以必须设计室外杂物间。其中可以留出空间，藏起"眼不见为净"的物品，如垃圾。设计要尽量低调，用材也应与自然环境相和谐。在这里，简易杂物间由木板围合而成，默默矗立在绿植间。

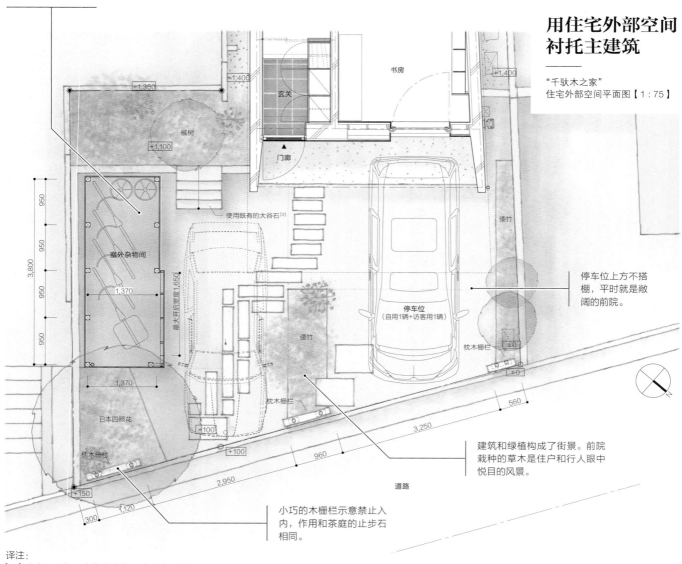

让储物间尽量远离道路，使它不那么醒目。

用住宅外部空间衬托主建筑

"千驮木之家"
住宅外部空间平面图【1:75】

停车位上方不搭棚，平时就是敞阔的前院。

建筑和绿植构成了街景。前院栽种的草木是住户和行人眼中悦目的风景。

小巧的木栅栏示意禁止入内，作用和茶庭的止步石相同。

译注：
[1]止步石：指日本茶庭中的一种石块。它放置于小径分岔处，用绳子交叉绑起，示意由此向前不可通行。
[2]大谷石：开采于日本栃木县宇都宫市大谷町附近的浮石凝灰岩石材，质软、易加工，自古被用作建材，修筑外墙和仓房。

温和朴实的枕木栅栏

"千驮木之家"木栅栏制作图【1：20】

用螺栓拴紧

1,120
720
200
140
110
110
30
70 70
200
100
200

木栅栏用回收的小块枕木制作。混凝土块上叠放两条枕木，再用螺栓固定。

基座：195×190×100混凝土块

三组叠于混凝土块的枕木成为低矮的界标，划分住宅用地和道路。

1. 室外杂物间里，自行车、小三轮车和塑料垃圾桶等归置得清爽利落。
2. 拉上单拉门，依旧能使用杂物间后部的垃圾桶。

因地制宜设计
围墙和栅栏

围墙有时会令行人感到压抑。首先考虑是否真需要围墙。如果需要，应避免围墙拒人于千里之外，要仔细推敲其高度、材料和质感。

"邻光之家"的用地夹于两条道路间，围墙长达17m。在此设计了木板和钢筋混凝土两种材质的围墙。主体部分由北美乔柏板材制成。它不但能遮挡外部视线，还能通风，所以用它围挡庭院正面，并向两侧延长。用地边角处建造结实的钢筋混凝土围墙，比木板部分更矮、更短。使用杉木板作浇筑模型，给混凝土表面增添了几分细腻和温情，与木板围墙的搭配也更协调。

使用两种建材的围墙

"邻光之家"
上：平面图【1：150】
下：围墙立面图【1：50】

姫车轮梅
具柄冬青
门廊
玄关
圈洗室
更衣室
浴室
厕所
停车位
食品储藏间
客厅兼餐厨
道路
日本紫茎
露台
和室
钢筋混凝土围墙
庭院
木板围墙
青栎
加拿大唐棣
道路
钢筋混凝土围墙

面向十字路口的用地边角建造了钢筋混凝土围墙。压低围墙的高度，使视野更开阔，也有助于车辆通行安全。

从室内眺望庭院时，如果围墙材质为木料，就能融入自然环境，不致破坏景观。

译注：
[1] 万年墙：日本20世纪五六十年代流行的一种混凝土围墙，由混凝土平板和钢筋混凝土支柱构成。

排水坡度
压顶：镀铝锌钢板
213
89
3
5 50 5
89
9
89
木板围墙：18厚×89北美乔柏（无节疤），间距9（内外错缝），刷木器漆
支柱：50×50×2.0铝方管

木板围墙剖面详图【1：10】

选择纹理柔和的杉木板用作浇筑模板。由于墙面出现在行人头部附近，因此更适合沉稳的肌理。

在道路的交界处也应点缀绿树。

1,330

钢筋混凝土围墙（180厚）：清水混凝土，杉木模板浇筑，防水处理

压顶：镀铝锌钢板
89 89
9
1,850

挡土条：万年墙[1]平板（1,720×30×29）

木纹混凝土墙上方，露出用传统工艺抹出的外墙。围墙的浇筑模板采用四种宽度各异的杉木板，并随机拼贴，呈现出自然的纹理。

注意钢筋混凝土围墙和曲面板材围墙的面积之比，应让整面围墙视觉效果均衡。

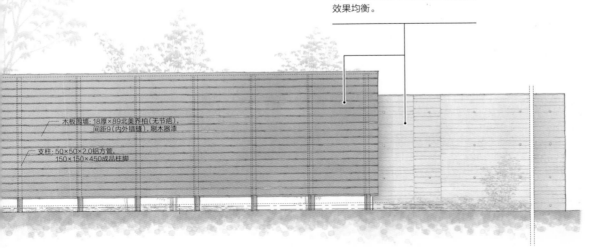

木板围墙：18厚×89北美乔柏（无节疤），间距9（内外错缝），刷木器漆

支柱：50×50×2.0铝方管，150×150×450成品柱脚

建筑主体与围墙相协调，构成优美的立面。

城中住宅更要连通外界

　　建筑与用地这一具体场所不可分割，它存在于和周边环境的关联之中。在街区内将用地全用于修建建筑，当然可行，但这样容易使建筑与外界割裂。不妨利用阳台和屋顶，在住宅内创造能亲近自然的空间。即使身处楼房林立的都市，只要住宅与行道树的绿荫、开阔的天空相连，就能让空间开敞得超乎想象。

　　这是一栋四层城市住宅，周围中高层楼房鳞次栉比。顶层建有屋顶花园，它与天空相连，形成宝贵的开阔空间。此外，还开辟了家庭菜园。道路另一侧的河岸栽有树木。为了和它们在视觉上相呼应，阳台上方挑空，种植了日本四照花。玄关附近植物虽然不多，但它们为住户迎送家人、友人，是生活的好伴侣。

与四邻共享绿树

"Trapéze"立面图
【1：120】

虽然周边连绵的楼房面目生硬，但这栋住宅的正面装点着植物的绿，给行人的视野以慰藉。

墙面：清水混凝土，刷防水涂料

外墙：贴无釉炻瓷砖

栏板：砌无釉有孔炻瓷砖

墙面：清水混凝土，杉木模板浇筑，刷防水涂料

墙面：清水混凝土，杉木模板浇筑，刷防水涂料

墙面：清水混凝土，刷防水涂料

在小空隙也种植草木，点缀石块，营造出的景观虽然细微，却温暖人心。大自然让日常生活多彩而丰富。

外墙铺贴炻瓷砖，每一块都是手工制作，散发出温和的气息。住宅正面拥有肌理丰富的外墙和姿态万千的绿树，在阳光下呈现出多变的风景。

玄关前栽种千叶卫矛和杜鹃。即使空间极其有限，植物营造的景观也出类拔萃。

挑空的阳台上生长着高达5米的日本四照花。站在室内，在花树掩映下，沿河的茂密树丛隐隐在望。

1. 从玄关门厅看天井。虽然只是和相邻楼宇间夹出的三角形空隙，依旧种上半日照的灌木，打造成小天井。家人从玄关进出时，总有悦目风景相迎。
2. 四层天台的小屋四围是铺木板的露台。所有剩余空间辟为屋顶花园，由草坪、杂树庭院[1]、家庭菜园组成。
3. 二层挑空的阳台。上层的阳台栏板由有孔砖砌成，通风良好。而通风也是植物生长所需的条件。

用绿树
让住宅向外延展

"Trapéze"格局兼屋顶俯视图【1:600】

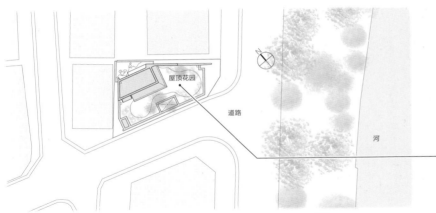

屋顶花园的植被与河边绿化遥相呼应。设计时应把握用地周边环境的特点，让住宅融入环境。

译注：
[1] 杂树庭院：种植本地乔木、灌木，模拟用地周边环境的一种造园理念。

我家也在创造街景

人们说，日本建筑是"屋顶建筑"。在传统日本建筑中，屋顶一直是决定外观的重要元素。屋檐出挑深长，屋顶像盖头般蒙住整个建筑顶面，给屋宇投下阴影，带来千变万化的表情。而在奈良、京都的一些街道两侧，町家建筑连绵不绝，比起屋顶，屋檐和门檐的水平线条、墙壁的质感、直棂窗和玄关前的花木更夺人眼球，形成建筑和街道浑然一体的风貌。这是因为在狭窄的街巷，人们无法退后远眺，几乎看不到屋顶。

"成城之家"坐落于住宅区，在这里，站在路边也看不到屋顶全貌。传统工艺抹成的粉墙、宽而低矮的屋檐和嵌横棂条的水平长条窗组成了住宅正面。此外，玄关周围的绿植也让居所的面貌多姿多彩，给街道增添了风情。

每栋房屋都是街景的起点

"成城之家"
格局及周边屋顶俯瞰图
【1：1,200】

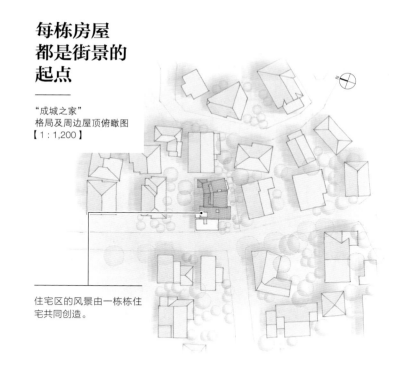

住宅区的风景由一栋栋住宅共同创造。

打造住宅外观时，围墙也十分重要。在"成城之家"，车库墙直接与围墙相连。它们都采用钢筋混凝土结构，但用杉木模板浇筑，因此墙面呈现出木材的质地。围墙较矮，且从道路沿线退后，给街景留白。

用精心设计的
正立面塑造街景

"成城之家"
上：立面图【1：120】
下：住宅外部空间平面图（部分）
【1：120】

站在门前的路边，看到的屋顶面积更小。

铺镀铝锌钢板，垂直于地

把墙壁拉高，让晒台隐身于墙后。

矮屋檐朝向道路，划出舒展的水平线。

横楞条既为晒台挡住外部视线，又能通风。

外墙：抹利辛漆，钉板拉毛

玄关周围栽绿树，外墙则用传统工艺抹灰。为了与它们形成协调的景观，围墙和车库的混凝土墙面浇筑时模板选用窄杉木板，形成粗糙质朴的面层。

清水混凝土，杉木模板浇筑，防水处理

铺杉木板

译注：
[1] 土间：原指传统日本民居中，不架高、不铺地板、抹三合土的空间。通常地面与室外地面持平，与室外的联系更紧密，在农村用作厨房兼仓库。在现代日本住宅中，土间面积大大缩小，但仍位于房屋入口处，地面不架高，通常用作玄关，供住户穿脱鞋子。在这栋住宅中，土间和玄关、门廊地面高度一致，但比客厅低一级，成为客厅和庭院之间的过渡。

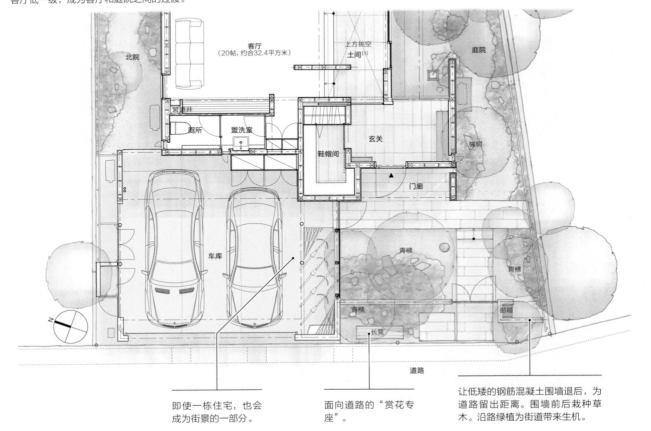

客厅
（20帖，约合32.4平方米）

北院

上方挑空
土间[1]

庭院

贤垂井

厕所

盥洗室

鞋帽间

玄关

槭树

门廊

▲

车库

青槭

青槭

长凳

阶槭

邮箱

道路

N

即使一栋住宅，也会成为街景的一部分。

面向道路的"赏花专座"。

让低矮的钢筋混凝土围墙退后，为道路留出距离。围墙前后栽种草木。沿路绿植为街道带来生机。

运用日式手法
融通内外

人们常说，在日本建筑中，内外空间并非泾渭分明。其特点是，不明确划分室内外，而是拥有一些既非室内、也非室外的空间（中间地带）作为缓冲，比如，土间、缘侧[1]和土庇[2]。同时，室内也和庭院互相渗透。院中草木和光照原封不动地映入室内，给空间带来或细微或鲜明的变化。

我会虚心学习将室内外相连的传统设计手法，并加入全新的解释来表达，希望能让传统设计生生不息。

译注：
[1] 缘侧：日本传统建筑周围木板铺地的空间，用作走廊或从房间进出庭院的通道。其地面和主要房间地面一样，均架高。该空间如果位于建筑外围的檐下，且和庭院之间没有玻璃门、防雨门隔断，则被称为"濡缘"（字面意思是会被雨淋湿的缘侧）。
[2] 土庇：日本传统建筑中遮盖土间的门檐。比一般门檐进深更长，檐柱直接竖于地面。
[3] 芦野石：开采于日本栃木县那须町芦野地区的凝灰岩，多为灰白色，偶见红灰色，易加工，用途广泛。

1. 从铺地板的客厅看向 2 级台阶下的土间和窗外庭院。芦野石[3]铺地的土间，地面高度接近庭院，从而强化了与外界的联系。
2. 从餐厅欣赏窗前葱茏的植物。正面窗通往露台，右侧则是客厅土间的窗户。

让居所的内外空间相交融

"成城之家"
上：剖面图【1∶100】
下：餐厅立面图【1∶60】

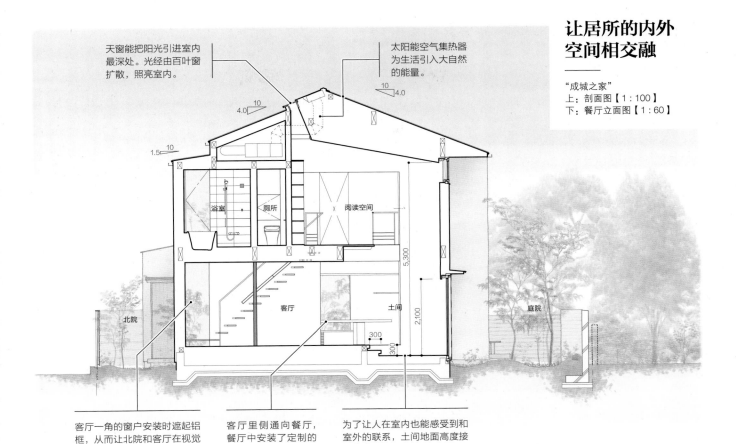

天窗能把阳光引进室内最深处。光经由百叶窗扩散，照亮室内。

太阳能空气集热器为生活引入大自然的能量。

浴室　厕所　阅读空间

客厅　土间

北院　庭院

客厅一角的窗户安装时遮起铝框，从而让北院和客厅在视觉上无缝对接。

客厅里侧通向餐厅，餐厅中安装了定制的大桌子。

为了让人在室内也能感受到和室外的联系，土间地面高度接近庭院。

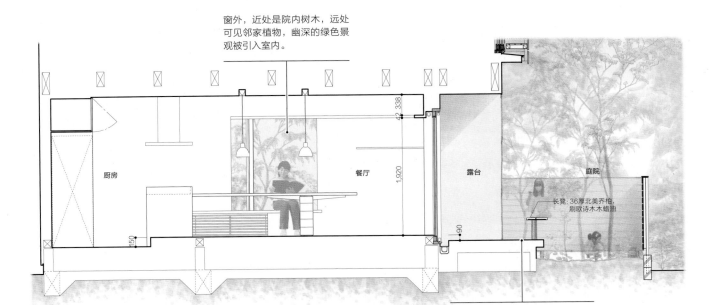

窗外，近处是院内树木，远处可见邻家植物，幽深的绿色景观被引入室内。

厨房　餐厅　露台　庭院

长凳：36厚北美乔柏，刷欧诗木蜡油

露台用石板铺地，是连接餐厅和庭院的中间地带。

极具魅力的檐下空间

日本传统住宅常用伸长的屋檐阻挡阳光的暴晒，在檐下形成内外皆非的空间（中间地带）。中间地带虽然在室外，但比起原生状态的大自然，这里的自然环境更和缓，四时变幻多样而丰富。在气密性、隔热性优越的现代住宅，我们不应故步自封于内外对立的二元论，而要灵活运用这样的中间地带。

在"宇都宫之家"的一层有濡缘，二层屋顶下有宽敞的屋顶阳台。正因为这些空间是室内向外界的延伸，更亲近自然，所以能在其中悠然小憩，用身心感知时间流逝、四季更迭。

布置多处中间地带

"宇都宫之家"各层平面图【1：400】

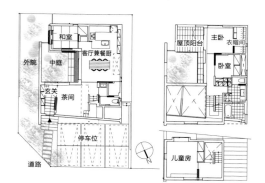

译注：
[1] 德国壁纸：使用德国 Kreidezeit 灰泥抹灰前，先在石膏板上裱糊同品牌壁纸（KOBAU 纸）打底，可防止石膏板拼缝处开裂，并增强吸湿效果。
[2] 深岩石：开采于日本栃木县鹿沼市的凝灰岩，浅色带斑点，易加工、耐用、防水，是常用的建筑材料之一。
[3] 簀子：用窄木条拼成的地板，木条间留空，便于排水。

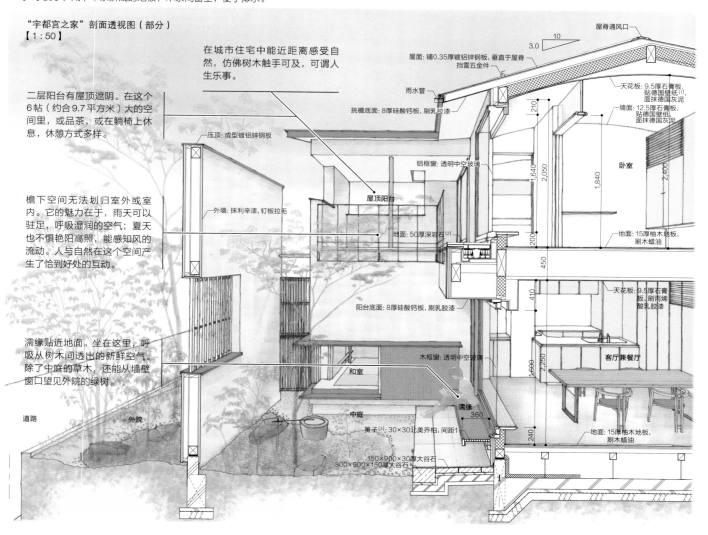

"宇都宫之家"剖面透视图（部分）【1：50】

在城市住宅中能近距离感受自然，仿佛树木触手可及，可谓人生乐事。

二层阳台有屋顶遮阴。在这个6帖（约合9.7平方米）大的空间里，或品茶，或在躺椅上休息，休憩方式多样。

檐下空间无法划归室外或室内。它的魅力在于，雨天可以驻足，呼吸湿润的空气；夏天也不惧艳阳高照，能感知风的流动。人与自然在这个空间产生了恰到好处的互动。

濡缘贴近地面。坐在这里，呼吸从树木间透出的新鲜空气。除了中庭的草木，还能从墙壁窗口望见外院的绿树。

屋面：铺0.35厚镀铝锌钢板，垂直于屋脊
挡雪五金件
屋脊通风口
天花板：9.5厚石膏板，贴德国壁纸[1]，面抹德国灰泥
墙面：12.5厚石膏板，贴德国壁纸，面抹德国灰泥

雨水管
挑檐底面：8厚硅酸钙板，刷乳胶漆
压顶：成型镀铝锌钢板
铝框窗：透明中空玻璃
外墙：抹利辛漆，钉板拉毛
屋顶阳台
地面：50厚深岩石[2]
阳台底面：8厚硅酸钙板，刷乳胶漆
木框窗：透明中空玻璃
和室
中庭
簀子[3]：30×30北美乔柏，间距1
濡缘
150×900×30厚大谷石
300×900×150厚大谷石
道路
外院

卧室
地面：15厚柚木地板，刷木蜡油
天花板：9.5厚石膏板，刷丙烯酸乳胶漆
客厅兼餐厅
地面：15厚柚木地板，刷木蜡油

从儿童房俯瞰中庭。对面
屋顶下是深岩石铺地的阳
台。因为屋顶能避雨遮阳，
所以住户能尽情呼吸外界
的清新空气。开敞宜人是
这个空间的魅力所在。

1. 路边低矮的栏杆上方、院门之中，露出内露地一景。外露地槭树的红和灌木的绿也为沿街风景增色。
2. "之字形的家"模型。外露地在道路边，内露地在院门内侧。
3. 推开木栅门，内露地映入眼帘，玄关出现在露地尽头。

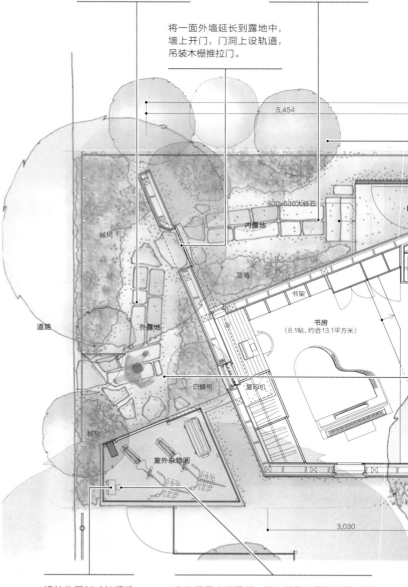

外露地沿街。杂树与街景相协调，美化了周边环境。

内院着重于"走"，即通行功能。将老宅使用多年的大谷石用来铺路，并除去过多的灌木和树下杂草。

将一面外墙延长到露地中，墙上开门，门洞上设轨道，吊装木栅推拉门。

5,454

800×600大谷石

内露地

槭树

蓝莓

书架

书房
(8.1帖，约合13.1平方米)

道路

外露地

白蜡树

复印机

槭树

室外杂物间

3,030

设计收尾时才处理建筑外的仪表、设施会非常棘手，因此要早早规划。

杂物间用木板围起，能自然融入周围风景。这里将自行车、清扫工具等在室外使用的物件一并收纳，便于取用。杂物间里还藏有水电仪表和空调室外机，也是垃圾堆放处。

通行便利，观景亦佳的门前甬道

关于茶室的露地，千利休[1]总结出如下心得——"走六分，景四分"。住宅的门前甬道应该首先让人和自行车来去自如。在此基础上，用木材、石材等天然材料造景，让甬道和住宅、周边环境相协调。缜密考虑通行与观景两大功能，让二者达到平衡，就能造就上佳的甬道。

甬道也需要寂静和适当的长度。踩着落在树下的光斑，穿过风中摇动的枝丫抵达玄关——这一过程，让带着倦意归来的家人得到慰藉，也让宾客心怀期待。布置水电仪表及空调室外机等设备时，要仔细考虑，避免破坏景观。

译注：
[1]千利休：日本安土桃山时代的茶人、商人，是茶道形式之一"侘茶"的集大成者，继承并发扬了村田珠光所主张的审美观——在看似粗陋的器物、环境中发现美。他还将这种审美体现在草庵型茶室中。在武野绍鸥所提倡的四叠半茶室的基础上，千利休将茶室空间简化到极致，并在墙面、窗洞等构件中体现材料本身的质感，与同时期华丽的"书院造"建筑形成鲜明对比。而露地作为从外界来到茶道世界的通路，也成型于这一时期。

住宅用地并不宽敞时，也可以借用邻家的花草树木造景。此处，两家植被连成了一片。

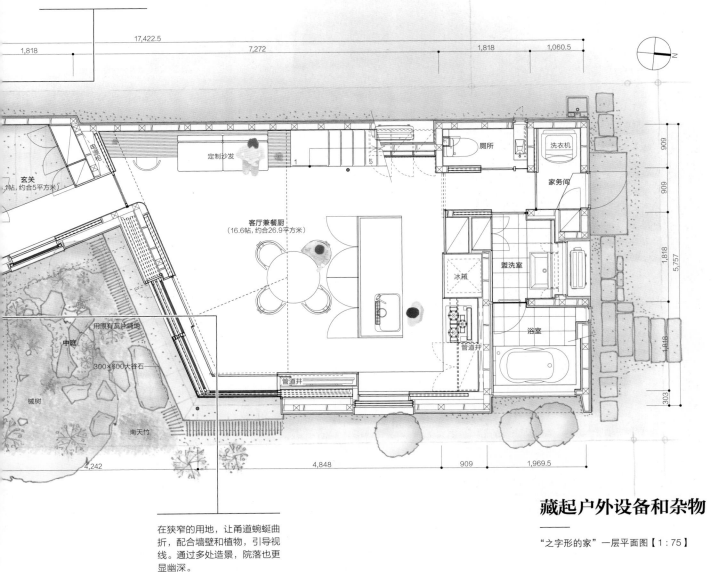

在狭窄的用地，让甬道蜿蜒曲折，配合墙壁和植物，引导视线。通过多处造景，院落也更显幽深。

藏起户外设备和杂物

"之字形的家"一层平面图【1:75】

院子不一定在住宅南侧

　　很多人都认为庭院要建在住宅南侧。但是，如果从对面的住家看，庭院就在北侧。院子"朝南"是相对的。与其拘泥于固定观念，不如从各个方位挖掘庭院的潜力。首先应该观察整个用地中一天内光线的性质、角度如何变化。

　　在"成城之家"，建筑物规划在用地中央偏北。设计时没有把整个南侧用地用作庭院，而是设计了若干小院，串珠般环绕住宅。庭院与邻家树木相映衬，形成深邃的绿荫，在室内多处都能大饱眼福。阴影逐渐笼罩一侧庭院时，阳光已经照亮其他院落，一整天室内都沐浴在柔和的光芒中。

自然光和悦目的绿色从各个窗户映入室内。楼梯尽头的窗朝向北院，餐厅窗户则朝向东面、南面的庭院。

从厨房看餐厅。餐厅两侧墙上有窗，此外，还能从一旁土间和厨房的窗户欣赏到院中植物。自然光和风从窗口进入室内，而窗洞的位置经过精心设计，使邻家树木和用地内植被相互掩映。这座杂树庭院借景于邻家院落，是造园家荻野寿也[1] 的作品。

译注：
[1] 荻野寿也：1960 年出生于日本大阪，1999 年起自学造园，拥有一家景观设计公司，2015 年获得第 25 届日本建筑美术工艺协会奖优秀奖。他设计的庭院以再现村落后山风景著称。

杂树庭院环绕的居所

"成城之家"一层平面透视图
【1∶100】

住宅西侧的植物面向道路，给街景增色。种植水榆花楸等草木，令门前甬道的风景随四季变幻。

北院朝向邻居院中的小路。这里其实不缺光照，阳光能晒到午后，因此栽有冬青、榉木等植物。

春天远眺街边的樱花树，夏天徘徊于风吹草木、凉意滋生的南院。秋天遥望与邻家绿树相辉映的层层红叶，冬天仰望无限澄澈的天空。居所迎送四季，承载着家庭记忆。

除了直射光还需仔细观察阳光经云层和邻家墙面扩散、反射后，会怎样洒进用地。在此基础上探讨建筑的位置、格局及窗户位置等。

由于周边用地绿化充足，西院只种了姬让叶。

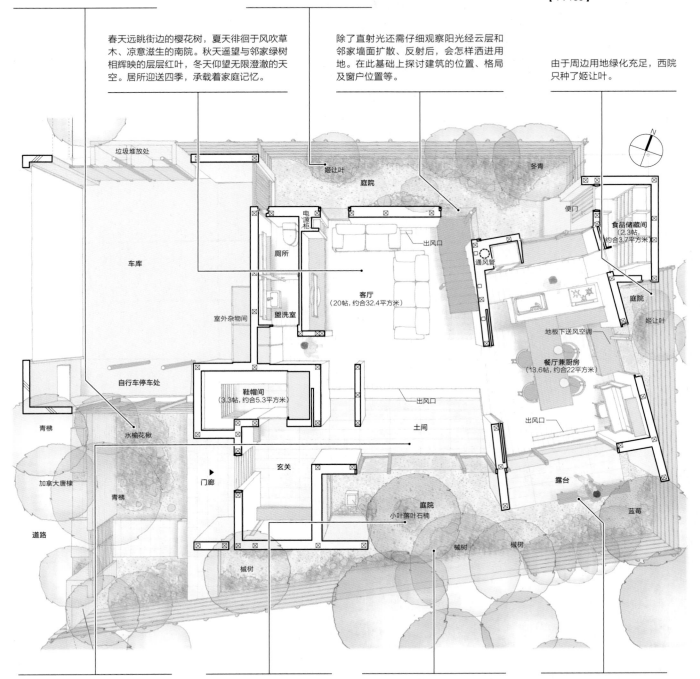

站在树影斑驳的土间，仿佛置身于杂树林。室内外都布置了可以亲近自然的场所。

用地内外，葱郁的杂树环抱屋宇，四时变幻的风景带给住户欢乐。

在南院种植槭树、小叶落叶石楠等植物，与周边绿地共同造景，如同一片河畔树林。

在露台安装长凳。悠然落座，树叶在阳光中散发出清香，调皮地钻进鼻腔。

院落虽小，
效果不凡

　　用地大小显然决定了院子大小。但是单凭面积，无法衡量院子达成的效果。在城市有限的用地内，不需要绞尽脑汁建造完整的庭院。有时把一个小院分成几部分，各自成景，更能打造出宜居住宅。

　　"绿荫环绕之家"坐落于城市住宅区，用地面积30坪（约合99.2平方米）[1]。两个小巧的中庭给住宅送来阳光、和风与绿意，增添纵深与荫蔽。此外，建筑与道路的缝隙中也种植了草木，成为宜人的街景。

译注：
[1] 坪：日本土地面积单位，1坪约合3.306平方米。

从每个房间都能看见的中庭，是住宅的中心。在5帖（约合8.1平方米）大的空间内种植了槭树和日本四照花，并修建露台。从室内外都能欣赏春天嫩绿的新叶和秋天的红叶。

用地西南角的天井面积不足 2 坪（约合 6.6 平方米）。天井比中庭更狭小，除了青栀和大叶钓樟，还栽种了青木和红盖鳞毛蕨。

面积仅 30 坪（约合 99.2 平方米）的用地中设有小巧的庭院。

绿荫环绕的居所

"绿荫环绕之家"住宅外部空间平面图【1：150】

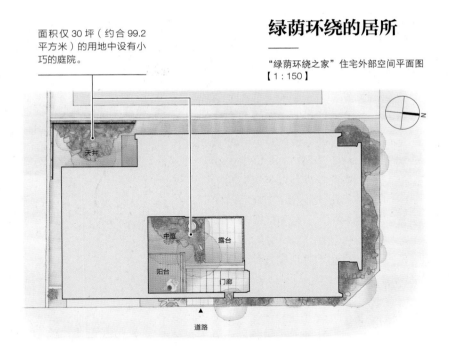

天井

中庭

露台

阳台

门廊

道路

分散绿植
带来更多观景乐趣

"绿荫环绕之家"
立面图【1：100】

这栋住宅用地位于道路夹角，建筑密度60%，容积率100%，建筑面积30坪（约合99.2平方米）[1]。在城区，这样的情况很普遍，但在充分保障生活空间、安顿私家车和自行车之后，再想建造完整的庭院，简直难于登天。如果能均衡布置袖珍庭院，即使在城市的住宅，与植物相伴也不再是梦。

每所住宅都尽可能留出绿地，就能形成绿意葱茏、生机盎然的街景。

屋面：铺0.35厚镀铝锌钢板，垂直于屋脊

2.0 10

铝窗檐

10 2.5

外墙：抹利辛漆，钉板拉毛

木板围墙：北美乔柏，刷木蜡油

上悬式推拉门：北美乔柏，刷木蜡油

外墙：抹利辛漆，钉板拉毛

外墙：12厚防火胶合板打底，平铺13厚杉木板，依次刷防火涂料、木蜡油

模仿天然植被，种植适合庭院大小的树木和花草。种植量应适宜，便于住户轻松打理。

译注：
[1] 日本住宅的占地面积、建筑面积虽然基本定义与我国相同，但需要按照墙体中线计算，而非外墙外围线。

调整方案是 造园的第一步

　　即使是自己画出的设计图，开工前，我也一定会到用地"现场"调整。在住宅外部空间，尤其是植物和天然石料，每一株、每一块都不相同，因此难以用设计图体现。应该眼观实物，逐一决定如何布置。不仅要观察一木一石的形状，放置到位，也要考虑整体的协调，所以必须在现场调整。重点是，要在现场观察材料，将其放置于最合适的位置。在这一过程中，和工匠的团队合作也不可或缺。

　　"上用贺之家"是造园石材店的办公场所兼住宅。住宅采用现代风格，与天然石料十分相衬。在现场我一边和工匠兼业主不断商讨，一边请他布置石材。

译注：
[1] 筑波石：开采于日本茨城县西南筑波山的辉长岩石材，其特征之一是会随着时间流逝从乳白色变为黑褐色。从大正时代（起始于 1912 年）初期起，成为广受欢迎的造园石料。
[2] 踏脚石：放在日式房屋门口脱鞋处的石块或石板。

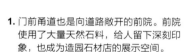

1. 门前甬道也是向道路敞开的前院。前院使用了大量天然石料，给人留下深刻印象，也成为造园石材店的展示空间。
2. 甬道由白色花岗岩和大谷石的切割石块构成。局部放置未经加工的筑波石[1]，并栽草木。
3. 铺设在玄关土间的踏脚石[2]。通过调整石块位置，给玄关地面留白，空间显得宽敞而意蕴深长。

将大自然请进居所

"上用贺之家"
一层平面图【1:80】

玄关土间埋设的踏脚石大小不一。为了与居所环境相协调，土间用水洗石铺地，骨料为小石子。

踏脚石布置于土间边缘，在中央留出空白，让小空间显得敞阔。

要注意的是，随意摆放天然石料，景观会有失品位。点到即止，才恰到好处。

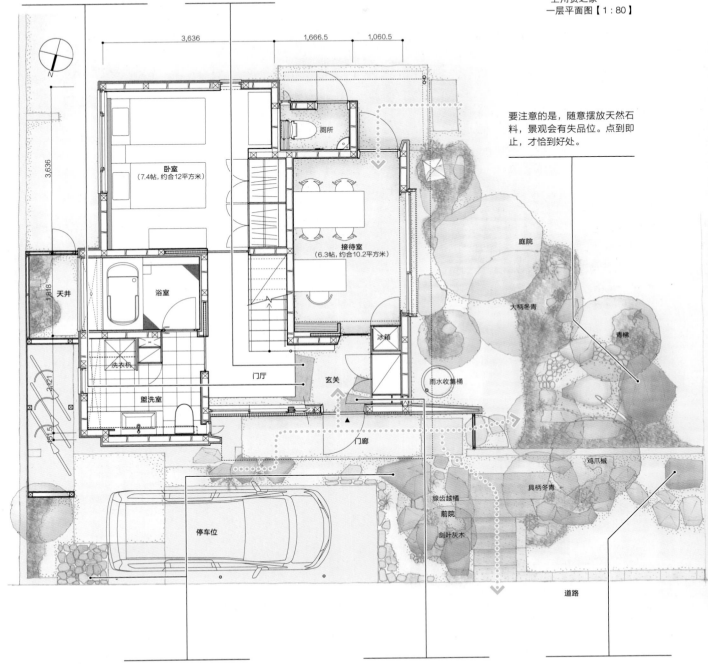

让停车场的面貌富有变化，成为前院的亮点之一。

黑色花岗岩踏脚石也是玄关的门吸。

业主经营一家造园石材店，我和他共同设计了住宅外部空间，最后竟塑造出新颖的景观效果，出乎我们的意料。

照片：垂直露地之家

居所

设计舒适的环境

　　所谓打造住宅，就是营造舒适的居所。住宅之所以重要，是因为它决定了人是否能在此地惬意地生活。家宅之中，如果窗边有张长凳能令人身心放松，如果有个空间静静沐浴在阳光中，想必家人也会倍感幸福。当然，日常生活并不总令人快乐，每个人都会时不时消沉或遇到困难。这时，如果有一处舒适的居所能让人消弭胸中块垒，人们也会更容易重拾希望。

　　家人团聚的居所，从第二次世界大战前的地炉[1]边和茶间，演变成现代的客厅。同时人们生活中的坐具从榻榻米变成了椅子，这也改变了人在住宅中的举动。变化最大的就是视角。坐在地上和坐在椅子上，看到的东西自然大不相同。地炉边和茶间都只是小小的空间，但视线低，也意味着离地面更近。这样人们能更强烈地感知室内外的联系。日本传统住宅中，室内外隔断主要是门窗[2]，因此室内引入了室外的阳光、风和景观，内外界限不甚分明，总是飘忽不定。而住宅深处的房间，藏在一扇扇障子或袄门背后，幽暗而寂静。从低矮的视角，人们看到空间从眼前水平延伸，从室内向室外无限扩展。没有地炉边和茶间，就没有低视角，空间水平延伸的倾向性也荡然无存。

　　现代日本的住宅样式，主要借鉴了美国现代住宅的客厅。这种围绕客厅布置独立房间的样式，似乎抛弃了传统日本住宅的上述特质。地炉边和茶间曾拥有聚合家人的向心力、独特的起居坐卧形态、低矮的视线、水平延伸的倾向性、室内与庭院的互动等。我想虚心效法传统，并用新颖的设计打造现代家庭成员的居所。

译注：
[1] 地炉：日本传统民居的家中设施之一。它是一个在地板上挖出的方坑，内铺灰烬，烧柴火或木炭，用于烧水、煮饭、取暖等。
[2] 门窗：在日本传统建筑中，门窗主要包括障子、袄、木板门等。其特点是，多推拉开闭，且门洞、窗洞面积较大。如房间和室外之间，墙面门楣以下全开为门洞，用几扇推拉门（障子或袄）隔开。如果完全推开，房间和缘侧、庭院等室外空间之间，从地面到门楣没有任何遮挡。室内房间之间也是如此。因此在这样的结构中，通过开闭推拉门，可以灵活调整格局及室内外关系。

第二章

在现代实践"数寄"之心

古时，人们把朴素而有凝练之美的草庵型茶室称作"数寄屋"。"数寄"除了有"喜好、追求雅趣"之意，据说还有"集中、做加法""透过、有空隙、梳理、滤出"的意思[1]。挑选形状、色彩、质地各异的物件，和谐搭配，从中发现美……构成茶室的种种素材，在狭小空间中巧妙地达成平衡，这正是集齐至宝、满足风雅之心的"数寄"世界。茶人不知足地寻来国内外奇珍异宝，鉴别、欣赏、筛选——这就是"数寄"之心。

在现代社会，生活方式、工作方式、家庭结构日趋多样。为此，我们更应怀有"数寄"之心，让设计接纳并体现不同价值观。我也想在住宅设计中，积极运用这种设计手法。

阳光经过屋顶下阳台的过滤，洒进里侧卧室。

译注：
[1] 数寄：字形借用"数寄"二字，语义引申自"喜爱、喜好"的"好き"，指醉心于附庸风雅、埋首于艺术活动，在日本历史上先后特指热衷于咏连歌、从事茶道的人们，在建筑领域则指草庵型茶室中体现的自由的创作理念。此处所说"集中、做加法"来自"数寄"的字面意思；作者提及"透过"等意思，可能是因为"好き"的动词形式与表示"透过"的动词"すく"发音相同。

阳光、清风、声响和香气穿过木栅，被中庭筛滤，进入室内深处。

从客厅看中庭。中庭被留有窗洞的墙壁和木栅包围，既少量传递了墙外街道的气息，又让室内保持寂静。

过滤视线
和光线

"宇都宫之家"
剖面透视图【1:60】

阳光洒进中庭，又反射，日晷般变幻着，照亮室内。反射后被弱化的光线营造出静谧的空间。

从天窗射进的光有时太强烈。将它引入极窄的墙缝，多次反射，就会形成柔和的散射光，从墙壁洒向地面。

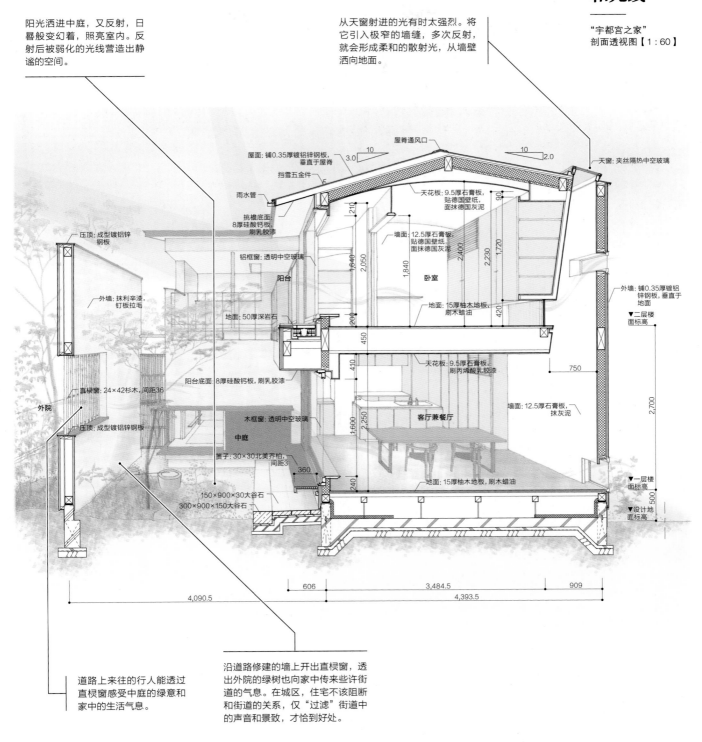

屋脊通风口

屋面：铺0.35厚镀铝锌钢板，垂直于屋脊

挡雪五金件

雨水管

挑檐底面：8厚硅酸钙板，刷乳胶漆

铝框窗：透明中空玻璃

压顶：成型镀铝锌钢板

外墙：抹利辛漆，钉板拉毛

阳台

地面：50厚深岩石

阳台底面8厚硅酸钙板，刷乳胶漆

直棂窗：24×42杉木，间距36

压顶：成型镀铝锌钢板

外院

木框窗：透明中空玻璃

中庭

簧子：30×30北美乔柏，间距3

150×900×30大谷石
300×900×150大谷石

天花板：9.5厚石膏板，贴德国壁纸，面抹德国灰泥

墙面：12.5厚石膏板，贴德国壁纸，面抹德国灰泥

卧室

地面：15厚柚木地板，刷木蜡油

天窗：夹丝隔热中空玻璃

外墙：铺0.35厚镀铝锌钢板，垂直于地面

▼二层楼面标高

天花板：9.5厚石膏板，刷丙烯酸乳胶漆

客厅兼餐厅

墙面：12.5厚石膏板，抹灰泥

地面：15厚柚木地板，刷木蜡油

▼一层楼面标高

▼设计地面标高

3.0 10 10 2.0

210 2,050 1,640 1,840 90 2,400 1,720 2,230 2,400 420

450 410 1,600 2,250 360 240

750 2,700 500

606 3,484.5 909 4,393.5

4,090.5

道路上来往的行人能透过直棂窗感受中庭的绿意和家中的生活气息。

沿道路修建的墙上开出直棂窗，透出外院的绿树也向家中传来些许街道的气息。在城区，住宅不该阻断和街道的关系，仅"过滤"街道中的声音和景致，才恰到好处。

格子钢门透光，又不阻挡视野，可以让室内外气息相通。

带框门隔开玄关与客厅，可以推进墙内。因为镶有透明玻璃，开关状态下都不妨碍视线，但空气流动、声音穿透方式、空间外观和纵深会随之发生变化。

译注：
[1] 凹间：和室中的壁龛，或称"床（Toko）"。壁龛墙上多挂书画，底面摆放瓶花等摆设，原本是欣赏画作的空间。凹间前的空间是和室的"上座"。
[2] 防雨窗、防雨门：一种日式门窗，安装于门窗洞最外层，用于防风雨、防盗、遮光、遮挡视线等。多采用推拉形式，过去用木板，现在多用铁板、铝板制成。不用时可以全部推入室外门框或窗框边扁箱状门套中。

11,968.5

4,023.1   2,872.2   3,673.2

210
2,272.5
454.5
909
8,332.5
4,696.5

909
2,424
1,212
303
6,969
4,545

2,424

自行车库
φ60.5×3.2圆钢柱

办公空间

盥洗室   更衣室

钢门
门廊
北美乔柏夹板门

带框玻璃门

墙面：贴杉木板，刷着色木蜡油

杂物柜
鞋柜
玄关

厕所

客厅兼餐厅
（13.8帖，约合22.4平方米）

厨房
（3.1帖，约合5平方米）

夹板门

百褶纱门

凹间[1]

日本紫茎

带框玻璃门/防雨门

和室
（7.9帖，约合12.8平方米）

露台

障子/带框玻璃窗/纱窗/防雨窗[2]

障子/带框玻璃门/纱门/防雨门

中庭

壁橱   壁橱   壁橱

道路

3,636

3,181.5

3,333

和室的门洞安装了防雨门、玻璃门、纱门和障子。可以开闭一部分门来调整与室外自然界的关系。

将露台地面高度拉高到与室内地面相近，这样进出更方便，室内外也成为连贯空间。

客厅玻璃门和防雨门可以推进墙内。直射阳光和来自室外的视线可用卷帘遮挡。

用露台和门窗连接房间

"邻光之家"一层平面透视图
【1:80】

自由地连接、分隔

　　日本建筑向来重视平面（格局），但没有采用严密分隔的格局，空间灵活多变。在传统建筑中，人们开关、移动障子和袄[1]等门窗、屏风，时而分隔空间，时而与外界相连。这种方式，让建筑的纵深和宽狭富有变化，不断调整居住者之间、居住者与自然之间的距离，带来了多姿多彩的栖居形态。

　　在"邻光之家"的格局中，客厅兼餐厅与和室隔露台相望。带框玻璃门让内外空间柔和对接。多人聚会或者天气晴好时，打开所有推拉门，形成贯通客厅、露台、和室的连续空间。关闭和室的障子，就可以在其中静静独处，或者在柔和的阳光中打盹儿。这栋住宅是多变的，能满足人心微妙的需求。而实现这一切的，是木制门窗和障子纸。它们拥有能打动人心的"温情"。

从客厅看露台与和室。推拉门都收进了墙内，加强了客厅与露台的整体感。

译注:
[1] 袄（襖）：一种日式不透光推拉门窗，也用于充当壁橱门。主要部件包括木框、细棂条骨架、骨架正反面多层裱糊的和纸、拉手等。下文视情况译作袄门或袄窗。

从和室透过纱门看露台和对面客厅。其间安装的几层推拉门，让空间更深邃。

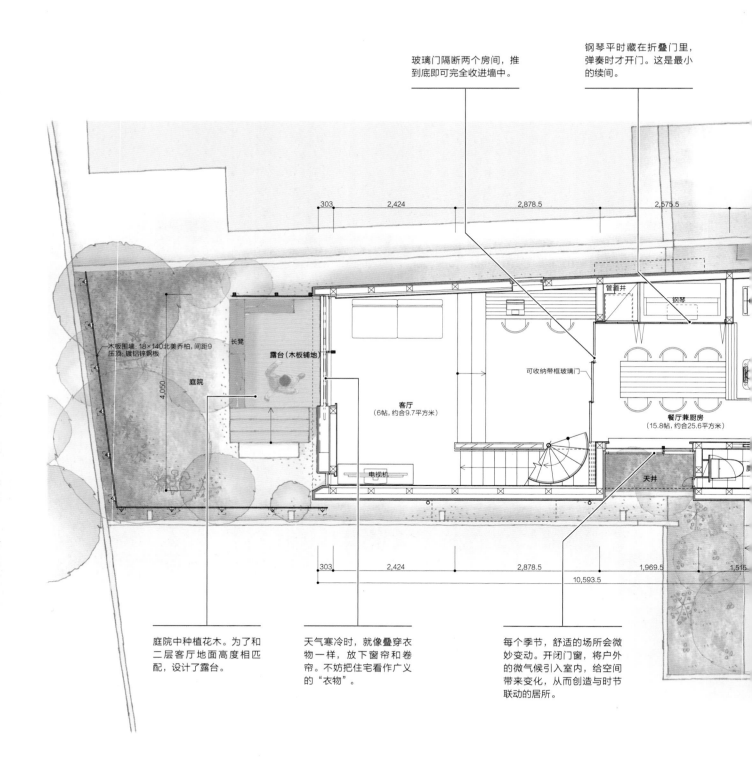

玻璃门隔断两个房间，推
到底即可完全收进墙中。

钢琴平时藏在折叠门里，
弹奏时才开门。这是最小
的续间。

木板围墙：18×140北美乔柏，间距9
压顶：镀铝锌钢板

长凳

露台（木板铺地）

庭院

4,050

可收纳带框玻璃门

管道井

钢琴

客厅
（6帖，约合9.7平方米）

餐厅兼厨房
（15.8帖，约合25.6平方米）

电视机

天井

303 2,424 2,878.5 2,575.5

303 2,424 2,878.5 1,969.5 1,515
10,593.5

庭院中种植花木。为了和
二层客厅地面高度相匹
配，设计了露台。

天气寒冷时，就像叠穿衣
物一样，放下窗帘和卷
帘。不妨把住宅看作广义
的"衣物"。

每个季节，舒适的场所会微
妙变动。开闭门窗，将户外
的微气候引入室内，给空间
带来变化，从而创造与时节
联动的居所。

续间也向外界
延续

———

"千驮木之家"二层平面图
【1：75】

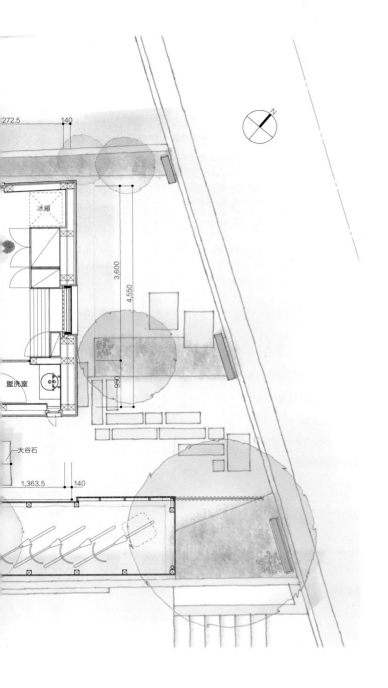

272.5　140

冰箱

3,600

4,550

盥洗室

950

大谷石

1,363.5　140

让"续间"[1]
焕发新生

　　传统住宅的格局是"续间"，只用袄门和木板门之类可开闭的隔断。现在主流的住宅格局则是用厚实的墙按功能严密划分房间。但是只要把房间的一面墙改成推拉门，内部与内部，内部与外部，甚至与更远的外界——大自然，都能连成一体。此外，如果再安装镶透明玻璃或半透明树脂板的"透光门窗"，就能打造出全新的"续间"。

　　"千驮木之家"的二层为续间。从带露台的南院，到错层客厅，再到餐厨和东院，隔断只有玻璃推拉门，因此形成了连续空间。通过开关推拉门，新鲜空气、阳光和风等不时涌入室内，柔和地触动住户的感官。

译注：
[1] 续间：指"续间座敷"。这一住宅形式见于日本江户时代的武士住宅中，房间彼此相连，房内地面铺满榻榻米。明治时代的日本住宅也延续了这一形式。

1. 透过木框玻璃门，从餐厅看客厅、露台和远处院中的树木。露台上的长凳由枕木制成。
2. 连通庭院和露台的落地窗为铝框窗。为了遮盖其金属质感，并与餐厅推拉门的木框相匹配，铝框前安装了木制中竖框和中横框。

1

2

3

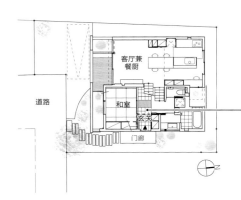

大墙面涂抹了含沙灰泥，面向挑空，映照着自然光，使得面积 17 帖（约合 27.5 平方米）的客厅显得更宽敞。

留白凸显了家人日常所用的家具、物品。留白（空无一物）的墙面是别样的奢华。

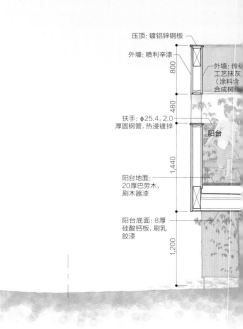

1. 从客厅看餐厅、厨房。从大大小小的窗户和天窗射进的阳光，在空白的墙壁和空空的地板上扩散、融解。光影变幻中，时间流逝，寂静笼罩。
2. 在墙上开出采光用的窄缝，窄缝前安有小巧的装饰架。在这里，即使放置家具和小摆件，依旧能感受到空间中存在大量空白，充满寂静、悠然的氛围。
3. 客厅地面下有储物空间，可以从一层玄关土间收纳、取用物品。

错层小宅

"稻毛之家"
一层、夹层平面图【1:300】

采用错层格局。错层
空间比玄关高半层，
作为客厅兼餐厨。

留白与错位营造出宽裕空间

我们固然应重视住宅的性能和效率，但如果仅限于此，居所将缺乏情趣。我们还应该在住宅中留有余裕（留白）和空隙（错位）。即使是微不足道的小设计，也能形成宽裕从容的氛围。

"稻毛之家"是一栋小巧的住宅，但它的空间处处留白，例如留出光照充足的大墙面等。含沙灰泥涂抹的墙面随着自然光的变化，时时展现不同的面貌，让空间更显沉静。在错层的地面边缘、在墙壁中断处会产生空隙。如果在其中加入光线和其他材质，就能凸显空间的宽阔与深邃。留白和错位营造出的宽裕空间也会让住户倍感怡然自得。

宽裕从容的居所

"稻毛之家"剖面详图【1:60】

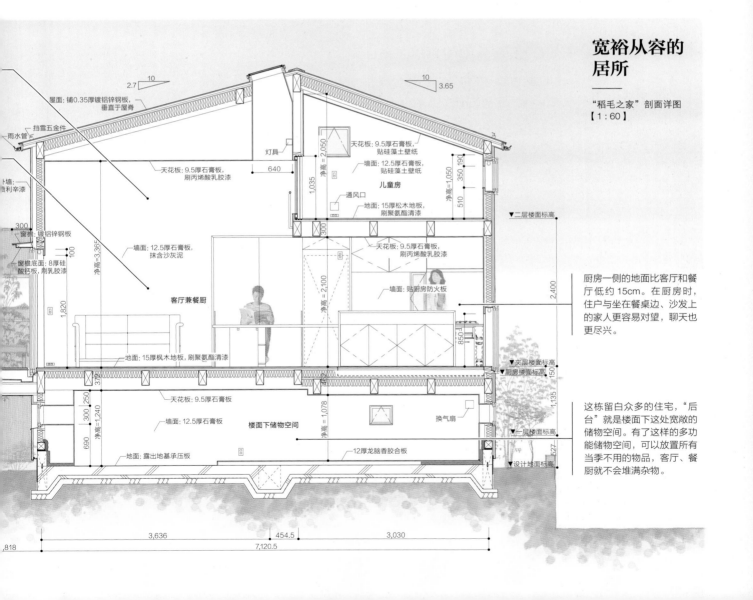

屋面：铺0.35厚镀铝锌钢板，垂直于屋脊
挡雪五金件
雨水管
卜墙：贵利辛漆
窗檐：镀铝锌钢板
窗檐底部：8厚硅酸钙板，刷乳胶漆
天花板：9.5厚石膏板，刷丙烯酸乳胶漆
墙面：12.5厚石膏板，抹含沙灰泥
客厅兼餐厨
地面：15厚枫木地板，刷聚氨酯清漆
天花板：9.5厚石膏板
墙面：12.5厚石膏板
楼面下储物空间
地面：露出地基承压板

灯具
天花板：9.5厚石膏板，贴硅藻土壁纸
墙面：12.5厚石膏板，贴硅藻土壁纸
儿童房
地面：15厚松木地板，刷聚氨酯清漆
通风口
天花板：9.5厚石膏板，刷丙烯酸乳胶漆
墙面：贴厨房防火板
换气扇
12厚龙脑香胶合板

▼二层楼面标高
▼夹层楼面标高
▼厨房楼面标高
▼一层楼面标高
▼设计地面标高

2.7 10   10 3.65
640
1,035   净高=2,050
净高=3,365   1,820
净高=2,100   300   350 190
510 1,050
净高=1,240   300 250
690   1,240
净高=1,078   1,135 150 2,400
850
527
300
100
372
3,636   454.5   3,030
7,120.5
1,818

厨房一侧的地面比客厅和餐厅低约15cm。在厨房时，住户与坐在餐桌边、沙发上的家人更容易对望，聊天也更尽兴。

这栋留白众多的住宅，"后台"就是楼面下这处宽敞的储物空间。有了这样的多功能储物空间，可以放置所有当季不用的物品，客厅、餐厨就不会堆满杂物。

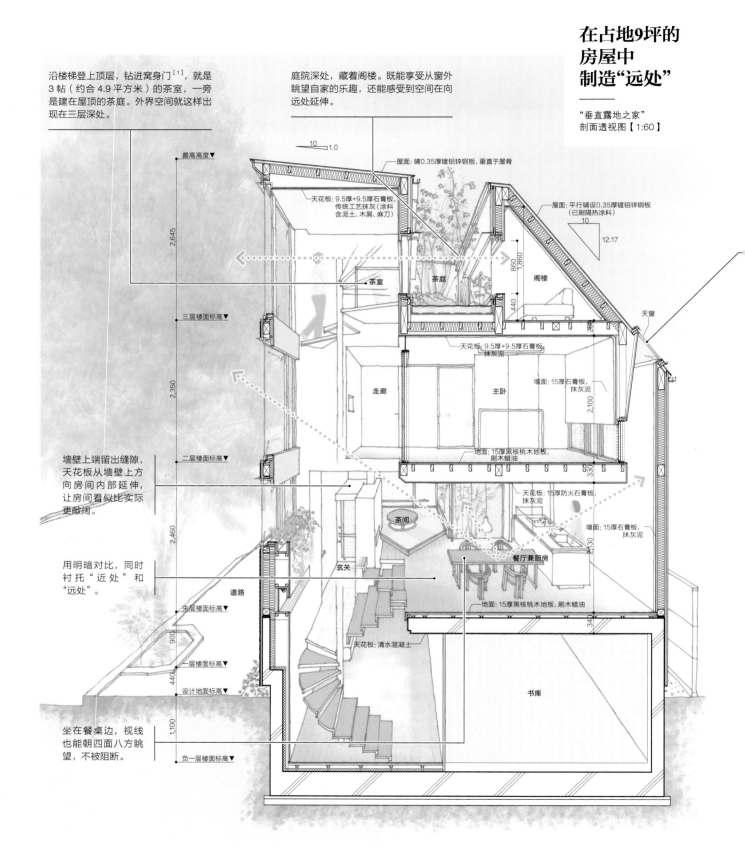

**在占地9坪的
房屋中
制造"远处"**

"垂直露地之家"
剖面透视图【1:60】

沿楼梯登上顶层，钻进窝身门[1]，就是3帖（约合4.9平方米）的茶室，一旁是建在屋顶的茶庭。外界空间就这样出现在三层深处。

庭院深处，藏着阁楼。既能享受从窗外眺望自家的乐趣，还能感受到空间在向远处延伸。

墙壁上端留出缝隙，天花板从墙壁上方向房间内部延伸，让房间看似比实际更敞阔。

用明暗对比，同时衬托"近处"和"远处"。

坐在餐桌边，视线也能朝四面八方眺望，不被阻断。

最高高度▼

2,645

三层楼面标高▼

2,350

二层楼面标高▼

2,460

夹层楼面标高▼

900

一层楼面标高▼

440

设计地面标高▼

1,100

负一层楼面标高▼

屋面：铺0.35厚镀铝锌钢板，垂直于屋脊

天花板：9.5厚+9.5厚石膏板，传统工艺抹灰（涂料含泥土、木屑、麻刀）

屋面：平行铺设0.35厚镀铝锌钢板（已刷隔热涂料）

10
12.17

10 1.0

茶庭

阁楼

860

440

天窗

茶室

走廊

主卧

天花板：9.5厚+9.5厚石膏板
抹灰泥

墙面：15厚石膏板，
抹灰泥

2,100

地面：15厚黑核桃木地板，
刷木蜡油

330

茶间

天花板：15厚防火石膏板，
抹灰泥

墙面：15厚石膏板，
抹灰泥

2,130

玄关

餐厅兼厨房

道路

地面：15厚黑核桃木地板，刷木蜡油

340

天花板：清水混凝土

书库

译注：
[1]窝身门：日本茶室特有的小门，供客人膝行进出。标准高度约87cm，宽度约64cm。

在水平和垂直方向制造"远处"

住宅不大，不知为何却显得宽敞——这样的住宅，共通之处在于，它们都有"远处"。制造出一眼看不到头的效果，就能形成"近处"和"远处"。而"远处"能让人想象空间向远方延伸。

在狭小住宅，需要在三维空间中，而不只在平面上制造距离。也就是说，可以不完全分隔各个楼层，使人在楼下时，能看到楼上的一部分，或者让光线从上方洒下，表现空间在垂直方向向上延伸。"垂直露地之家"占地面积大约只有 9 坪（约合 29.8 平方米）。通过在水平、垂直两个方向设置"远处"，住宅比实际显得愈发高挑、宽敞。

在天花板、墙壁或相邻墙壁间留出窄缝——这样的小机关也能立刻拉远视觉距离。厨房尽头的天花板沿着墙壁形成狭长的挑空，阳光透过天窗从窄缝洒进来。

1. 从餐厅看挑空的楼梯间。天花板的粉墙遮挡了视线。从上层倾泻而下的阳光和窗外的行道树，营造出空间垂直升腾的动态。
2. 从阁楼看屋顶茶庭后的茶室，以及远处的行道树。草珊瑚栽在阁楼前，拉开了与茶室的距离。

从天台俯视中庭，木板铺
地的阳台内侧通向客厅。
此处可以远眺暮色低垂的
街道。要用设计融合住宅
内外空间，营造出更惬意
的生活。

中庭种植了日本四照
花，树下植草。即使
只栽一棵落叶树，也
能感知到四季变换。

玄关边设接地矮窗，令视线不由自主地投向窗外。窗外是与邻家之间的狭窄空地，栽种着草木。

向外界延伸，与外界相连

住宅需要聚集家庭成员的"向心力"，同时也需要"离心力"，让视野向外界延伸。为此应精心设计窗户和特定场所，让投向外界的视线畅通无阻。如果住户居住在城市，大部分时间都在室内度过，那"离心力"就更加重要。不过，如果窗户开得离邻家太近，那非但不能用来远眺，恐怕住户都不想开窗。

这块城市住宅用地并不大。宅中设计了小巧的中庭，栽种着日本四照花，从各个房间都能近距离观赏中庭景色。登上屋顶，宽广的蓝天映入眼帘，能将周边街道和天空尽收眼底。由近到远，大大小小、各式各样的风景与住宅相连，为生活平添乐趣。

在居所与大自然欢聚

"石神井町之家 III"
剖面图【1：75】

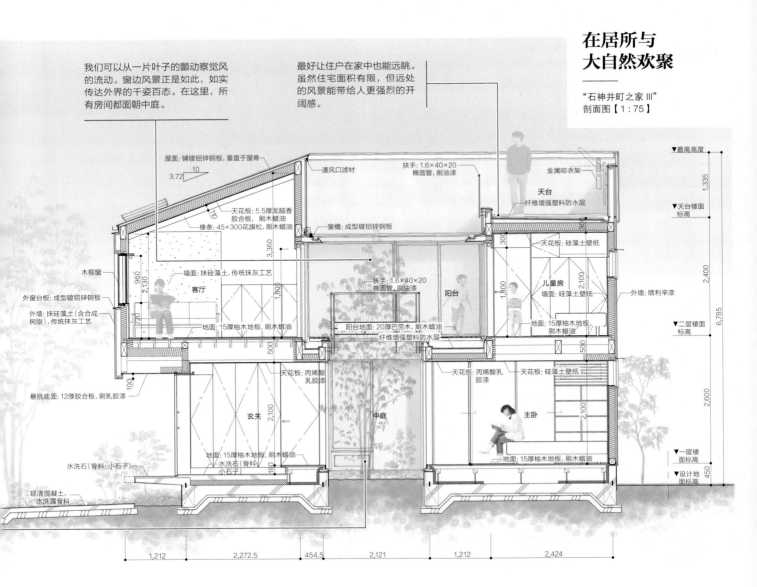

1. 从榻榻米空间看餐厅。中庭后是楼梯间，远处隐约可见客厅里唯一朝向道路的窗。
2. 这栋住宅的格局，让人随处都能欣赏优美的光影和绿荫，而不会注意到屋宇四围满是住宅。
3. 洒进中庭的阳光，透过窗户，穿过楼梯间，洒向房间深处。

榻榻米空间面向外界敞开。不妨把道路对面公寓楼的绿植作为自家庭院一景来观赏。

这栋建筑南北方向很窄，但还是设计了面宽3m×进深1.5m的中庭，作为"外界"，将阳光和风引进室内。

与外界相连的
旗杆地[1]住宅

在城市中的旗杆地，住宅不得不建在道路一侧密集的住宅深处。在这样严苛的条件下，怎样引进由阳光、风与植被构成的"外界"，并与"内部"相连，是对设计师的巨大考验。

"府中之家"的用地是东西向狭长的旗杆地。中庭被设计为通风、采光的起点，也是室内格局的中心。在南北两侧，由于离邻家太近，尽量不设窗户，而在能够借景于室外植物的西侧，开出大窗。来到二层，可以看到中庭后面的榻榻米空间和户外的绿荫，形成"视线走廊"，丝毫感受不到旗杆地特有的逼仄。

译注：
[1] 旗杆地：指住宅用地中，通往道路的狭长门前通道像旗杆，嵌在住宅区内的住宅主体像旗帜。

引入外界
连通外界

"府中之家"二层平面图
【1：80】

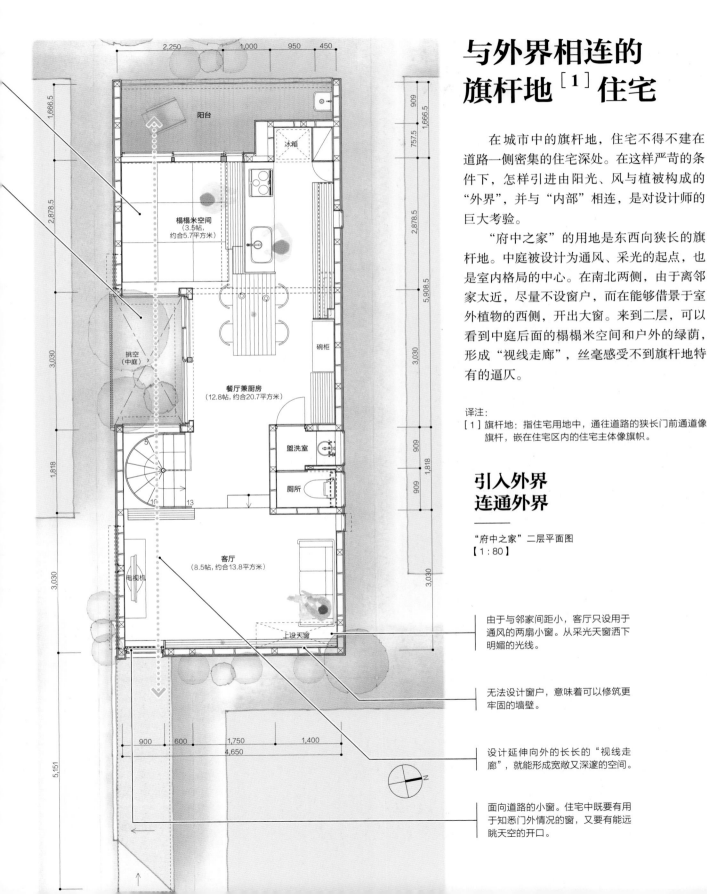

阳台

冰箱

榻榻米空间
（3.5帖，
约合5.7平方米）

挑空
（中庭）

餐厅兼厨房
（12.8帖，约合20.7平方米）

碗柜

盟洗室

厕所

客厅
（8.5帖，约合13.8平方米）

电视机

上设天窗

N

由于与邻家间距小，客厅只设用于通风的两扇小窗。从采光天窗洒下明媚的光线。

无法设计窗户，意味着可以修筑更牢固的墙壁。

设计延伸向外的长长的"视线走廊"，就能形成宽敞又深邃的空间。

面向道路的小窗。住宅中既要有用于知悉门外情况的窗，又要有能远眺天空的开口。

小块留白带来巨大满足

如果居住者在住宅某处只能做某一件事，多少会有些受拘束。因此我们需要在住宅中点缀空白（余裕）的空间。

在"成城之家"，餐厅的窗前建造了露台。阳光明媚时，把餐桌搬出去，就能享用露天午餐或下午茶。客厅窗边的土间，每到雨天就成了孩子们的乐园。如果每个场所的功能都不限于房间名的含义，允许多种使用方法，那么人在其中也会倍感惬意。

餐厅和露台地面高度一致，让室内外成为一个整体，也方便进出。

客厅和土间之间有高度差，可以舒适地坐在台阶上。这里很受孩子们欢迎。他们时不时坐在各自中意的角落，或看书，或说笑……

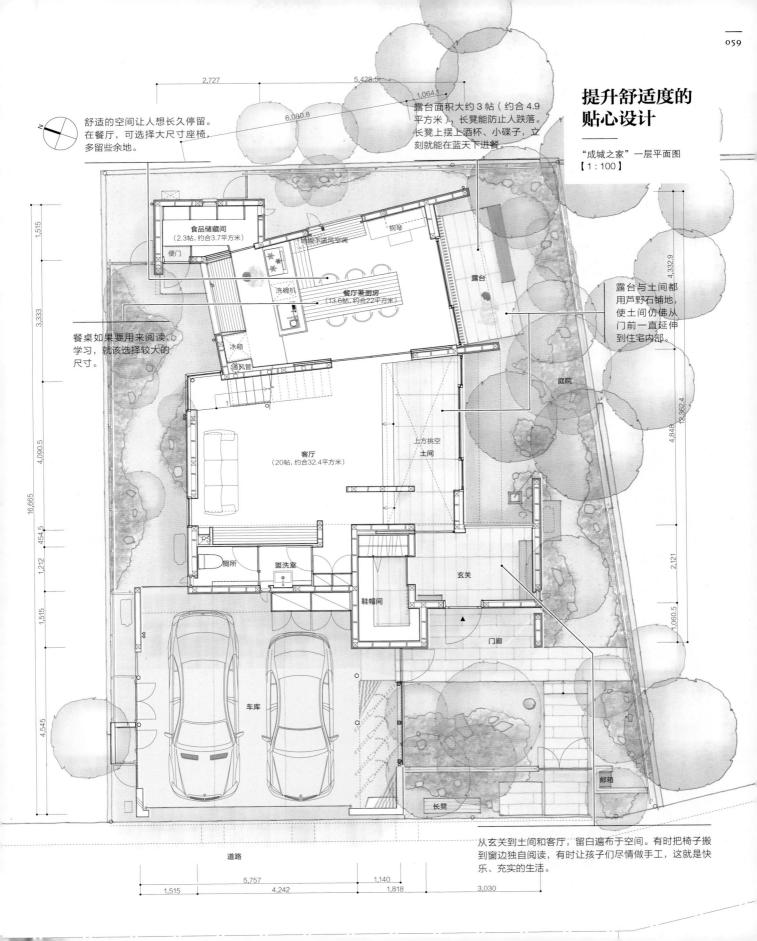

提升舒适度的贴心设计

"成城之家"一层平面图
【1 : 100】

舒适的空间让人想长久停留。在餐厅，可选择大尺寸座椅，多留些余地。

露台面积大约3帖（约合4.9平方米），长凳能防止人跌落。长凳上摆上酒杯、小碟子，立刻就能在蓝天下进餐。

露台与土间都用芦野石铺地，使土间仿佛从门前一直延伸到住宅内部。

餐桌如果要用来阅读、学习，就该选择较大的尺寸。

食品储藏间
（2.3帖，约合3.7平方米）

便门

钢琴

地板下送风空调

露台

洗碗机

餐厅兼厨房
（13.6帖，约合22平方米）

冰箱

通风管

客厅
（20帖，约合32.4平方米）

上方挑空
土间

庭院

玄关

厕所

盥洗室

鞋帽间

门廊

车库

邮箱

长凳

道路

从玄关到土间和客厅，留白遍布于空间。有时把椅子搬到窗边独自阅读，有时让孩子们尽情做手工，这就是快乐、充实的生活。

2,727　5,428.5
6,080.8
1,064.1

1,515
3,333
4,090.5
454.5
1,212
1,515
16,665
4,545

4,332.9
13,362.4
4,848
2,121
1,060.5

1,515　5,757　1,140
4,242　1,818　3,030

N

客厅不是室内格局的前提

把家人团聚的空间称作客厅，并把它放在住宅中心——这种模式于 20 世纪初出现在美国，大正时代（1912—1926）被引进日本，第二次世界大战后普及日本各地。现在以客厅为中心的住宅对我们来说理所当然，但其实历史并不长。由于用地和住宅规模以及住户的生活、团聚方式千差万别，带沙发的客厅有时和住户的生活并不合拍。

"上用贺之家"的整个二层是住户一家的生活空间。这个单间形式的楼层，住宅的中心，即家人聚集的场所，由几个歇脚处串联在一起。餐桌边喝茶，榻榻米上横躺，窗边看书……每个家庭成员即使各自做自己的事，在这里也能感受到家人的气息。

窗边的长凳、餐厅的圆桌、书桌和榻榻米……在这个单间楼层，分散着多个小小的歇脚处。

身在各处
也如同团聚

"上用贺之家"二层剖面透视图
【1:40】

榻榻米空间比地面高，可以像坐长凳一样，坐在边缘。

客人借宿时，拉上障子，榻榻米空间就变身为客房。

贯通各个区域的椽条让空间充满整体感。

雨水管：120半圆形

天花板：9.5厚石膏板，5.5厚龙脑香胶合板，刷木蜡油

椽条：45×270花旗松，间距454.5，刷木蜡油

墙面：12.5厚石膏板，抹硅藻土，传统抹灰工艺

榻榻米空间

地面：15厚无边泡沫芯榻榻米

客厅兼餐厨

地面：15厚柚木地板，刷木蜡油

950
310
净高＝2,220
960
净高＝3,212
2,650
400

2,878.5
3,939

虽然单间不大，但各个角落并
非一目了然。一些部分若隐
若现，反而让整个空间显得深
邃、宽阔。

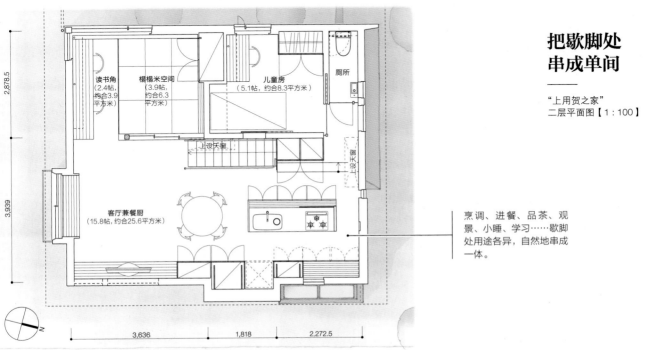

读书角
（2.4帖，
约合3.9
平方米）

榻榻米空间
（3.9帖，
约合6.3
平方米）

儿童房
（5.1帖，约合8.3平方米）

厕所

上设天窗

上设天窗

客厅兼餐厨
（15.8帖，约合25.6平方米）

2,878.5

3,939

3,636　　1,818　　2,272.5

把歇脚处
串成单间

———

"上用贺之家"
二层平面图【1：100】

烹调、进餐、品茶、观
景、小睡、学习……歇脚
处用途各异，自然地串成
一体。

从客厅沙发看餐厅和榻榻米空间。边桌连着装饰架，高低错落。桌下留出放脚的空间，像下挖式被炉[1]，方便孩子和大人使用。螺旋楼梯后面是中庭。可以坐在窗边的长凳上喝咖啡，或者让孩子们把长凳当成桌子画画，用法颇多。

译注：
[1] 下挖式被炉：一种日式暖炉。在地面上留出方坑，坑上放小方桌，桌面下安装电热器。冬天使用时，在桌下铺被子保暖。不用时，小方桌可收入坑中，参考 160 页剖面图。
[2] 日本迎来经济奇迹：指大约 1954 年至 1970 年这 16 年间，日本经济飞速发展的时期。
[3] 地面下沉处：原文用 pit 一词形容沙发的位置，pit 指将地面部分挖开后形成的凹陷处。此处指客厅地面比一旁的餐厅低，属于下沉式客厅（pit living room）。

家人会聚在哪里？

　　第二次世界大战后日本迎来经济奇迹[2]时，住宅中开始普遍出现客厅这一空间。当时，一家只有一台电视机，全家乐此不疲地看同一个节目，所以电视机所在的客厅也成了家人团聚的场所。

　　现在娱乐方式多种多样。仅影像形式的娱乐，大家更倾向于用电脑、平板电脑或智能手机，并各自选择时间、地点观赏。此时，住宅中家人聚集之处，不一定是客厅，而是舒适度最高的场所。

　　在"狛江之家"，几个舒适场所分散于客厅所在的一层。在架高的榻榻米上，在面朝庭院的长凳上，或者位于地面下沉处[3]、环抱使用者的沙发……在一层的单间，家人各自选择歇脚处，放松身心。

沙发周围，墙壁从三面环绕，自然光源聚拢于狭小的窗洞，形成沉静的氛围。这里是放映室，供家人在大屏幕上看电视、电影。

家人在客厅
兼厨房聚首

"狛江之家"一层平面图
【1：90】

餐桌是这一层的中心，客厅、餐厅、厨房在此一览无余。

榻榻米空间在餐厅一侧，可以躺着小憩是它的魅力所在。孩子们还能在此午睡、画画，利用率颇高。

从客厅中央的螺旋楼梯可以看到家人的一举一动。挑空空间从二层送来阳光，也传递着儿童房的声响。

玄关前方，窗边设长凳。这里是个小型艺术廊，展示着小物件和艺术作品，自然风光又近在咫尺，是家人们钟爱的场所。

"凹"字形墙面围起客厅一隅。住户可在此欣赏影视作品和音乐。为降低亮度、方便观影，减少了窗户数量。

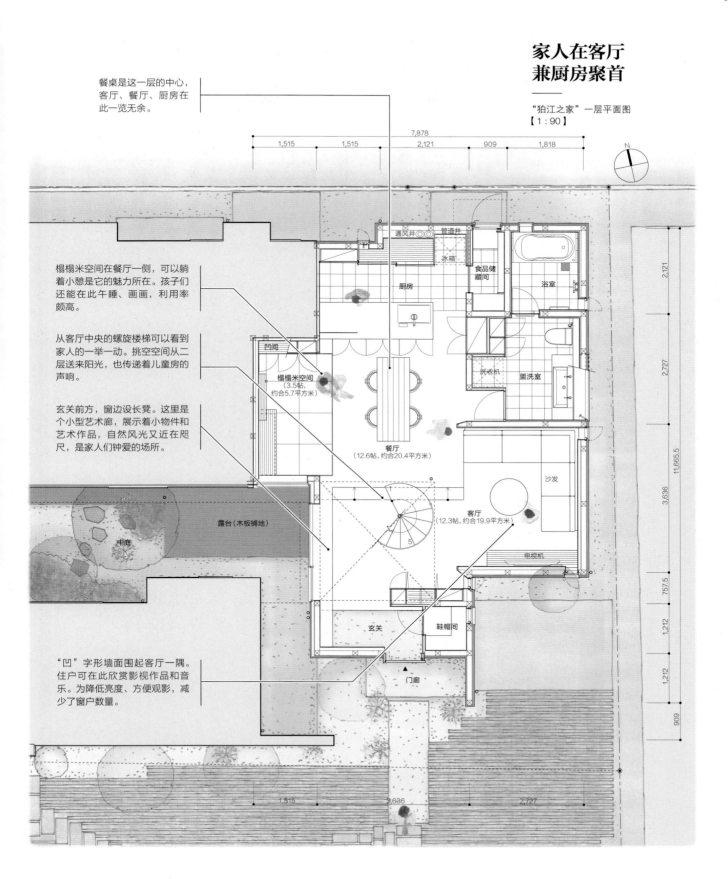

通风井　管道井　冰箱　食品储藏间　浴室　厨房　洗衣机　盥洗室　凹间　榻榻米空间（3.5帖，约合5.7平方米）　餐厅（12.6帖，约合20.4平方米）　沙发　客厅（12.3帖，约合19.9平方米）　电视机　露台（木板铺地）　中庭　玄关　鞋帽间　门廊

让榻榻米客厅与沙发和谐共处

把"和""洋"[1]物件混搭在同一空间时，如果统一室内装潢的风格让日式和西式融为一体，看上去就协调许多。

"神乐坂之家"采用了新颖的设计——住户坐在沙发上时，如果累了可以直接躺到榻榻米上。二层是客厅兼餐厨，形成一个单间，榻榻米空间位于中央。榻榻米地面相对周围地板架高，其边缘设计得很轻薄，削弱了其原本厚重的印象。如此一来，榻榻米得以融入整个空间。此外，西式家具和储物柜通常与榻榻米不协调，所以统一安装在地板上。储物柜虽然形状、大小各异，但材质相同，整体效果均衡。榻榻米空间归置得清爽整洁。厨房一旁藏有可折叠的矮桌，需要时可以取用。

译注：
[1]和、洋：分别指日式和西式风格。

大厅的榻榻米如同飘浮在空中，边缘也可落座。周围的地板空间高效收纳着生活必需品。

榻榻米×地板大厅
用作客厅和厨房

"神乐坂之家"二层平面透视图【1∶60】

收纳有折叠式矮桌，可在大厅使用。桌子能调节成两种高度，也可用作餐桌。

木棂条间隔可宽可窄，只要让棂条进深大于面宽，就能屏蔽大部分来自外界的视线，而且风格也更现代化。虽然尺寸没有硬性规定，但要按实物大小绘图，需推敲如何通风、遮蔽视线。

住宅越小，储物空间越重要。为了不让榻榻米堆满物品，设计了大量储物空间。

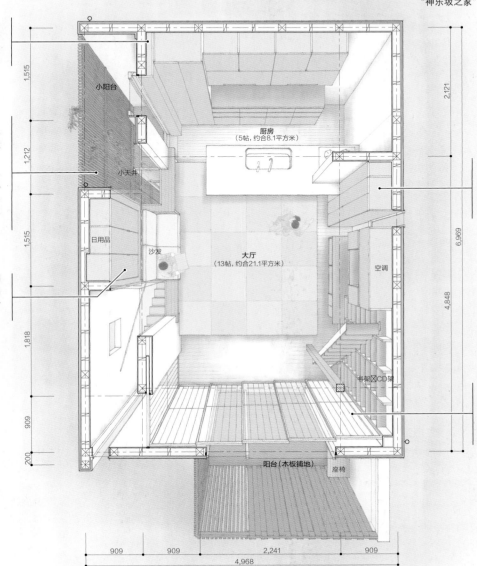

小阳台

小天井

日用品

沙发

厨房
（5帖，约合8.1平方米）

大厅
（13帖，约合21.1平方米）

空调

书架×CD架

阳台（木板铺地）

座椅

N

909 2,241 909 909

1,515

1,212

1,515

1,818

909

200

2,121

6,969

4,848

909 909 2,241 909

4,968

榻榻米周围铺设地板。地板上安装多个橱柜，用来收纳影音设备、书籍、清洁工具等物品。

障子上的棂条骨架纵向连续排列，类似于木栅门，统一了日式、西式要素。障子外是木板铺地的阳台。

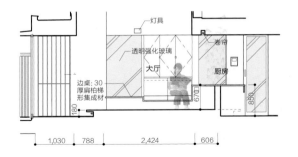

灯具

透明强化玻璃

大厅

卷帘

厨房

边桌：30厚扁柏梯形集成材

180

670

850

1,030 788 2,424 606

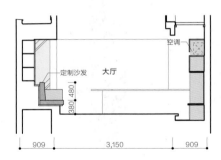

空调

定制沙发

大厅

380 480

909 3,150 909

楼面
高低错落

"神乐坂之家"
大厅立面图【1∶100】

丰富混凝土的外观

素材的质感、肌理对住宅而言非常重要，因为改变肌理就能大大改变建筑、房间的面貌以及特定场所的氛围。

坚硬冰冷的混凝土有时显得缺乏生机，但可以通过改变浇筑模板或者浇筑后采用饰面工艺的方法，来改变它原有的肌理。在"元浅草之家"，公共空间的混凝土墙采用斩假石[1]饰面工艺，形成柔和的外观，既柔化了混凝土的坚硬质感，也带来一缕日式风情。

译注：
[1] 斩假石：在日本指一种石料表面加工工艺。将石料表面用锤子平整后，用凿子凿削出密集的平行线，使得表面凹凸、粗糙，类似于我国的斩假石。

从挑空的公共空间朝卧室看。浅色的粉墙下，斩假石饰面的混凝土墙壁令人印象深刻。

因地制宜选材

"元浅草之家"
左：二层平面图【1：120】
右：剖面详图（部分）【1：50】

斩假石饰面的混凝土墙有深邃沉静之美。

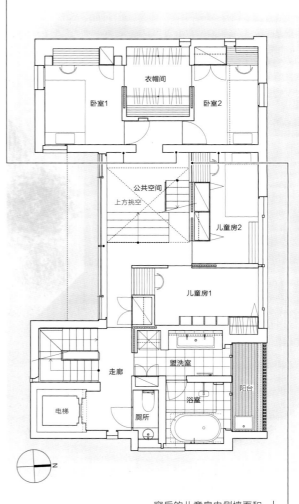

窗后的儿童房内侧墙面和公共空间的混凝土墙仿佛连成一片，所以采用同样的饰面工艺。

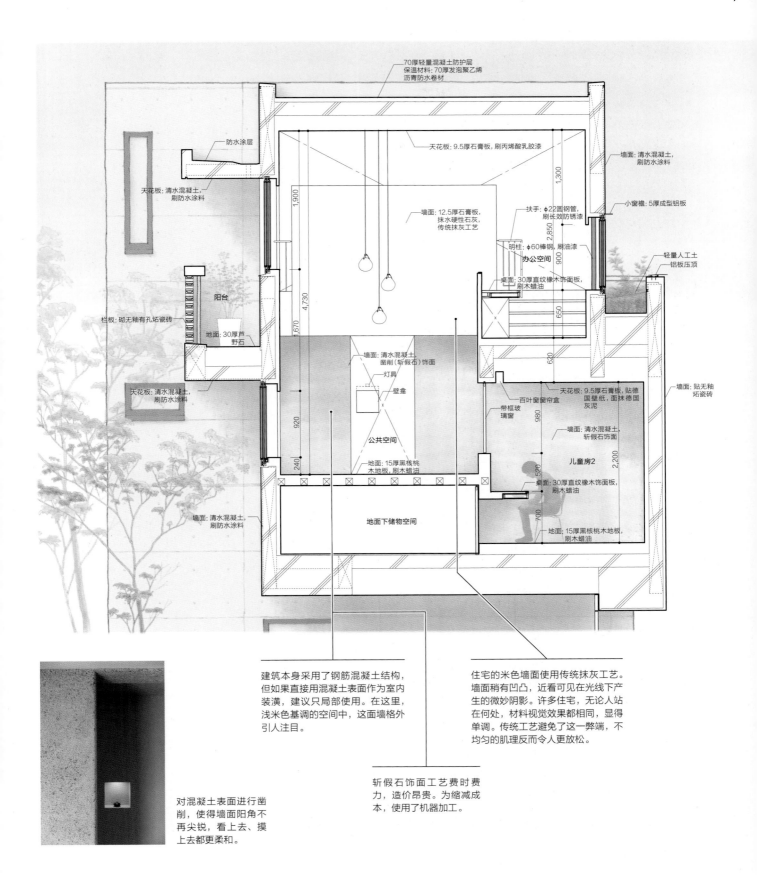

70厚轻量混凝土防护层
保温材料:70厚发泡聚乙烯
沥青防水卷材

防水涂层

天花板:清水混凝土,
刷防水涂料

天花板:9.5厚石膏板,刷丙烯酸乳胶漆

墙面:清水混凝土,
刷防水涂料

墙面:12.5厚石膏板,
抹水硬性石灰,
传统抹灰工艺

扶手:φ22圆钢管,
刷长效防锈漆

小窗檐:5厚成型铝板

明柱:φ60棒钢,刷油漆

办公空间

轻量人工土
铝板压顶

桌面:30厚直纹橡木饰面板,
刷木蜡油

阳台

挡板:砌无釉有孔炻瓷砖

地面:30厚芦
野石

天花板:清水混凝土,
刷防水涂料

墙面:清水混凝土,
凿削(斩假石)饰面

灯具
壁龛

公共空间

地面:15厚黑核桃
木地板,刷木蜡油

带框玻
璃窗

百叶窗帘盒

天花板:9.5厚石膏板,贴德
国壁纸,面抹德国灰泥

墙面:贴无釉
炻瓷砖

墙面:清水混凝土,
斩假石饰面

儿童房2

桌面:30厚直纹橡木饰面板,
刷木蜡油

墙面:清水混凝土,
刷防水涂料

地面下储物空间

地面:15厚黑核桃木地板,
刷木蜡油

1,300 / 1,900 / 2,850 / 900 / 650 / 620 / 4,730 / 1,670 / 920 / 980 / 2,200 / 240 / 520 / 700

建筑本身采用了钢筋混凝土结构,但如果直接用混凝土表面作为室内装潢,建议只局部使用。在这里,浅米色基调的空间中,这面墙格外引人注目。

住宅的米色墙面使用传统抹灰工艺。墙面稍有凹凸,近看可见在光线下产生的微妙阴影。许多住宅,无论人站在何处,材料视觉效果都相同,显得单调。传统工艺避免了这一弊端,不均匀的肌理反而令人更放松。

斩假石饰面工艺费时费力,造价昂贵。为缩减成本,使用了机器加工。

对混凝土表面进行凿削,使得墙面阳角不再尖锐,看上去、摸上去都更柔和。

不设计毫无变化的单间

　　小住宅常见的格局设计是，不分隔多个小房间，而是尽量采用单间，形成大空间加以利用。但是要注意，如果不假思索地做成一个大单间，空间就丧失了纵深感，反而显得狭小。

　　在"西大口之家"，一对夫妇和他们的宠物——猫和乌龟生活在一起，日常起居主要在二层。围绕着客厅、餐厅，设计了若干略小于 2 帖到 5 帖（约合 3.2~8.1 平方米）的壁龛式小空间（alcove）。局部隔断都是可开闭的推拉门，所以也能算作单间。但它富有变化——住户可以钻进小书房，或者在木板铺地的阳台上赏花。这种把壁龛状小空间整合成大空间的手法，对小型住宅十分有用。

1. 从多功能空间走上两级台阶，就是客厅兼餐厅。

2. 客厅兼餐厅是家庭成员（夫妻和宠物）团聚的住宅中心。

3. 和室附带土间。合上障子，就充满日式风格，弥漫着柔和的阴影。

敞开和室障子，就和客厅相连。

住宅中心是客厅内的圆桌。家中的猫最喜欢躲在圆桌脚下，沙发边则放着乌龟缸。

小巧的阳台只有 1.8 帖（约合 2.9 平方米）大小，它也是围绕客厅的"壁龛空间"之一。在这个观景台，春天可以尽情欣赏附近的樱花。

让单间
也有纵深

"西大口之家"二层平面图
【1：75】

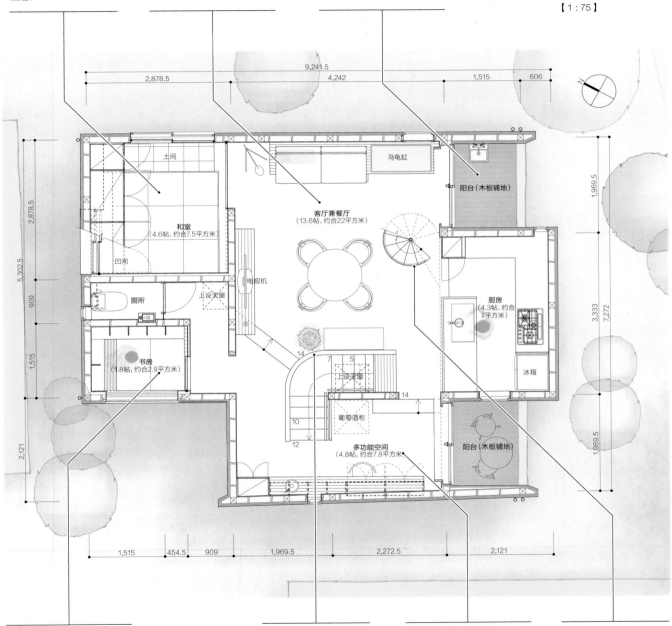

书房很小，需要从窝身门进入。像小小的偏房，适合专注地独处。

一人高的墙壁划分了楼梯后的多功能空间和客厅。

这个多功能空间除了供女主人梳妆，还可以品酒、阅读，让住户从事个人爱好。这里也有充足的储物空间。

螺旋楼梯简约优雅，如同现代雕塑。从楼梯登上阁楼，可以远眺横滨海湾大桥，放松心情。

模糊和洋之别

译注：
[1] 唐物：指从日本海外，尤其是从我国舶来的器物。室町时代（1336—1573）的贵族和上层武士热衷于搜集、把玩唐物。为了展示这些异域珍宝，和室中出现了凹间、博古架等设施。

日本室町时代的茶人村田珠光曾说"以融和汉之别为重"。这条教诲，是指要制作可以和唐物[1]相媲美的日式器物，消除二者之间的界限。我认为这也适用于住宅设计。

和室用榻榻米铺地，其魅力在于能闻到灯芯草的清香，摸到草茎的质感，还能轻松随意地躺下。但是现在，座椅上的起居方式成为主流，西式房间成了住宅中心。如果想让榻榻米融入现代住宅，设计时需要多花心思。在"垂直露地之家"，餐厅与榻榻米茶间相邻。由于架高了榻榻米，坐在上面和坐在餐厅椅子上的人，视线高度基本一致，双方能轻松交谈。榻榻米中留出圆坑，坑中装圆桌。桌子仅有一条桌腿，采用西式风格。和普通的日式矮桌不同，坐时可以把双腿放进圆坑，所以适合习惯于座椅的现代人。这样的茶间，模糊了"和洋"，而非"和汉"之别，因此能融入现代住宅。

榻榻米茶间中安装了西式圆桌。茶间边界形状不规则，在墙壁间的空隙里摆放了陶瓮（黄酒瓮），插上应季花卉。在现代城市住宅中，"和洋"融为一体。

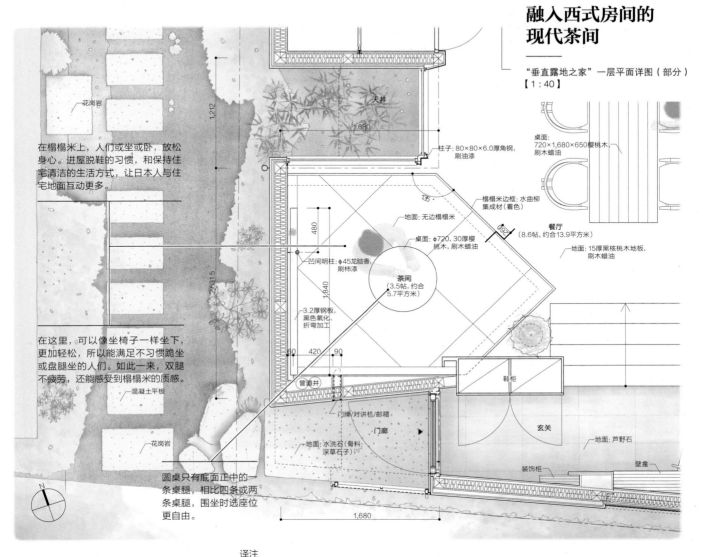

融入西式房间的现代茶间

"垂直露地之家"一层平面详图（部分）
【1：40】

桌面：
720×1,680×650 樱桃木，
刷木蜡油

餐厅
（8.6帖，约合13.9平方米）
地面：15厚黑核桃木地板，
刷木蜡油

榻榻米边框：水曲柳
集成材（着色）

在榻榻米上，人们或坐或卧，放松身心。进屋脱鞋的习惯，和保持住宅清洁的生活方式，让日本人与住宅地面互动更多。

在这里，可以像坐椅子一样坐下，更加轻松，所以能满足不习惯跪坐或盘腿坐的人们。如此一来，双腿不疲劳，还能感受到榻榻米的质感。

圆桌只有底面正中的一条桌腿，相比四条或两条桌腿，围坐时选座位更自由。

柱子：80×80×6.0厚角钢，刷油漆

天井

花岗岩

混凝土平板

地面：无边榻榻米
桌面：φ720，30厚樱桃木，刷木蜡油
凹间明柱：φ45龙脑香，刷柿漆
茶间（3.5帖，约合5.7平方米）
3.2厚钢板，黑色氧化，折弯加工

管道井
门牌/对讲机/邮箱
门廊
地面：水洗石（骨料：深草石子）[1]

鞋柜
玄关
地面：芦野石
装饰柜
壁龛

译注
[1]深草石子（深草砂利）：出产于日本京都南部深草地区的石子。

架高榻榻米优化身姿抬高视线

"垂直露地之家"茶间—餐厅立面图【1：40】

脚下安装了地暖，好像坐在了被炉边。

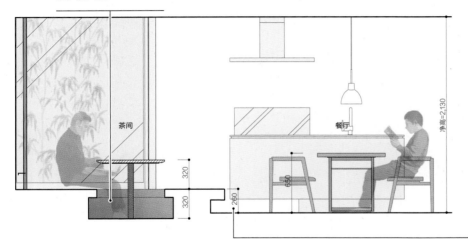

茶间
餐厅
净高=2,130

水平面高度要根据空间大小来调整。这栋住宅建造在狭小用地上，体量不大。餐厅天花板高2.13m。架高榻榻米时，一方面要足以让人把脚放进桌下，另一方面要考虑层高限制，避免过高。

营造住宅中心

　　我母亲的娘家在那须。我幼年时，那里还保留着地炉。记得围坐在炉火边，不知为何就感到心中十分熨帖。那里是家的中心——家人和大自然的恩赐都聚集于此。在地炉边取暖、烹煮，夜里借着炉火做针线活，更重要的是，它还是合家团圆的地方。

　　在"御殿山之家"，我想要设计一个空间来代替旧时地炉，作为住宅中心。客厅部分地面下挖，装地暖，安圆桌，挂吊灯，灯火低垂。这里弥漫着温暖的灯光，可以席地而坐，家人常常聚拢而来。

为了让电视机柜能遮挡后方厕所，柜子延伸进通道，伸出部分背后安装了木栅隔断。

深褐色房梁上悬着吊灯，光源重心压得很低。此外，圆桌做成下挖式被炉的式样，桌面低矮，脚边安装了地暖。像地炉一样，这里也形成了"向心力"。

局部
放低重心

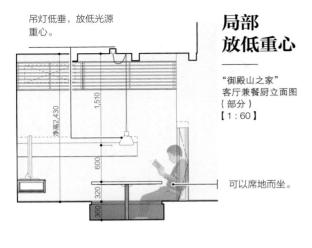

"御殿山之家"
客厅兼餐厨立面图
（部分）
【1∶60】

吊灯低垂，放低光源
重心。

净高2,430

1,510

600

320

300

可以席地而坐。

热闹的
地炉边空间

旧木村家住宅地炉 /
大和民俗公园（奈良）

1. 家人团聚在地炉边，形成住宅的
   中心。这里功能多样，可以休
   憩，或者做家务、工作。
2. 在地炉边，人们总乐此不疲地交
   谈，话题各种各样——家人、农
   作物、家畜近况，还有邻家的小
   道消息。孩子们也坐在大人身
   边，竖起耳朵听得仔细。

Y. Takano

让客厅一角
凝聚起
向心力

"御殿山之家"
一层平面图【1∶80】

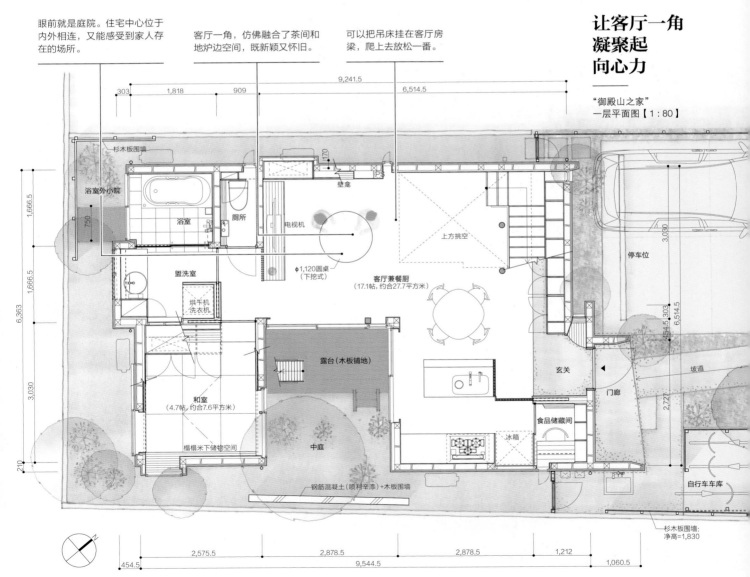

眼前就是庭院。住宅中心位于
内外相连，又能感受到家人存
在的场所。

客厅一角，仿佛融合了茶间和
地炉边空间，既新颖又怀旧。

可以把吊床挂在客厅房
梁，爬上去放松一番。

杉木板围墙

浴室外小院

750

浴室

厕所

壁龛

电视机

上方挑空

停车位

盟洗室

烘干机
洗衣机

φ1,120圆桌
（下挖式）

客厅兼餐厨
（17.1帖，约合27.7平方米）

玄关

坡道

和室
（4.7帖，约合7.6平方米）

露台（木板铺地）

门廊

食品储藏间

冰箱

榻榻米下储物空间

中庭

自行车车库

钢筋混凝土（喷砂辛漆）+木板围墙

杉木板围墙：
净高=1,830

9,241.5

303 1,818 909 6,514.5

170

3,030

454.5 303 6,514.5

2,727

1,666.5

1,666.5

6,363

3,030

210

2,575.5 2,878.5 2,878.5 1,212

454.5 9,544.5 1,060.5

将住宅中心移到室外

　　设计三代同堂住宅时，关键在于如何连接老小两家人的居住空间。如果用地面积比较宽裕，可以让两家距离恰到好处，若即若离。既能感受到对方的存在，但又不用过分介意，这样双方都能住得舒心。

　　在"下高井户之家"，两家分别居住在两栋相邻的住宅中。两栋楼斜对着，互相平行，中间是中庭。连接两家的是东西向的宽阔廊道和大小两处庭院。铺木板的廊道有屋顶遮阴，风景优美又通风。无论阴晴云雨，这条廊道都令人心旷神怡。家人们欢聚于此，或赏月，或打年糕，其乐融融。半露天的廊道成为住宅中心，自然地连接起两家住宅。

1. 从中庭看共用廊道。屋顶阻挡了日晒、雨淋，形成舒适的半露天空间。一天之中，两家人频繁往返，或聚拢于此。虽然廊道在室外，却成为住宅的中心。
2. 从小夫妻家的餐厨看廊道和庭院。两家人房屋斜向平行，共享廊道和草坪风光。

半露天
廊道连起
两家住宅

"下高井户之家"一层平面图
【1：80】

中庭给两户人家都带来了阳光
和绿色，也让家人间维持恰到
好处的距离，适度感受到对方
的存在。

面向中庭的窗户，让两家人能感受到对方家中的生
活气息。在老人家一侧是落地窗，在小夫妻家则是
接地矮窗，从小窗口能隐约望见孙辈的身影。两家
窗户相对时，要注意不要一览无余。

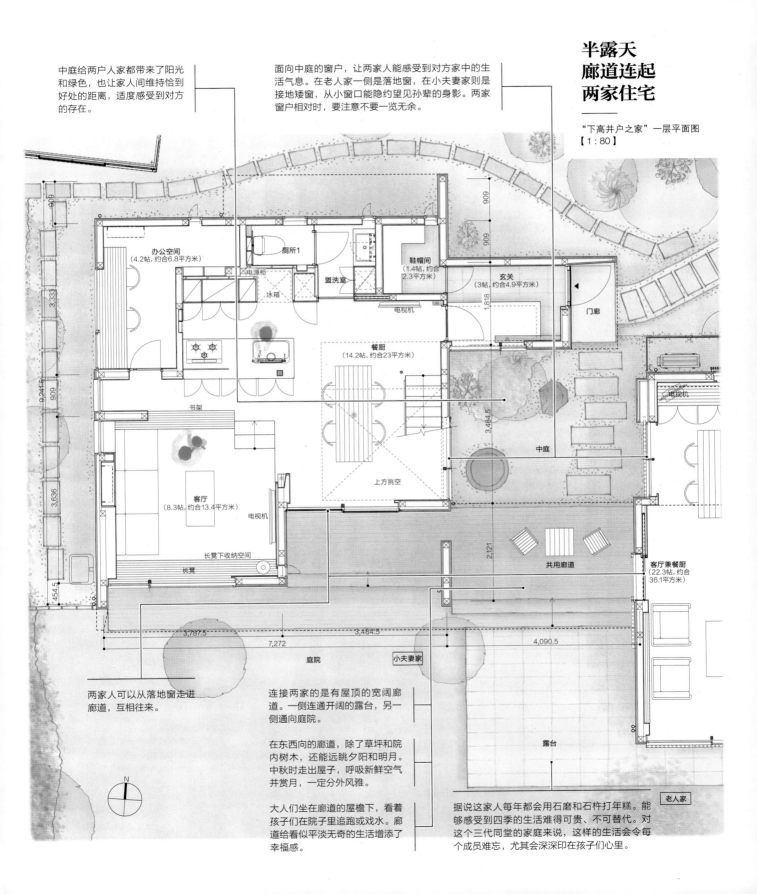

办公空间
(4.2帖，约合6.8平方米)

厕所1

盥洗室

鞋帽间
(1.4帖，约合
2.3平方米)

玄关
(3帖，约合4.9平方米)

门廊

电源柜

冰箱

电视机

餐厨
(14.2帖，约合23平方米)

电视机

书架

中庭

客厅
(8.3帖，约合13.4平方米)

电视机

上方挑空

长凳下收纳空间

长凳

共用廊道

客厅兼餐厨
(22.3帖，约合
36.1平方米)

909

909

909

3,333

9,244.5

3,636

454.5

1,818

3,484.5

2,121

3,787.5

7,272

3,484.5

4,090.5

庭院

小夫妻家

露台

老人家

N

两家人可以从落地窗走进
廊道，互相往来。

连接两家的是有屋顶的宽阔廊
道。一侧连通开阔的露台，另一
侧通向庭院。

在东西向的廊道，除了草坪和院
内树木，还能远眺夕阳和明月。
中秋时走出屋子，呼吸新鲜空气
并赏月，一定分外风雅。

大人们坐在廊道的屋檐下，看着
孩子们在院子里追跑或戏水。廊
道给看似平淡无奇的生活增添了
幸福感。

据说这家人每年都会用石磨和石杵打年糕。能
够感受到四季的生活难得可贵、不可替代。对
这个三代同堂的家庭来说，这样的生活会令每
个成员难忘，尤其会深深印在孩子们心里。

照片: 御殿山之家

房间

兼顾功能与美感

在日本，人们似乎直到最近才认为"房间 = 用墙壁隔出的居室"。

我出生在一栋平房里。宽敞的榻榻米屋子里，有两个 6 叠[1]的房间，隔断是袄门或障子，它们通过装有防雨门的缘侧，与庭院相连。这种格局，从前随处可见。拉开推拉门，两间房间就合为一间，也与外界相连——这样的空间灵活多变、向外开敞。那栋平房，到了我读小学的 20 世纪 60 年代，改建成了木结构二层楼房，装着铝框门窗。新家多了老宅所没有的会客室和可称为房间的独立空间，但一层还保留着茶间和用袄门隔断的"续间"。

现代住宅必须严格具备抗震、隔热、气密等特殊功能，原则上要用坚固的墙壁围护，房间之间也要用墙划分得泾渭分明。但是，这样严丝合缝的住宅对人们而言并不一定舒适。人并没有那么顽强，而是纤细、脆弱、易损的。我想，住宅也应该有温和的一面，才能包容这样的人类。

具体来说，在用墙壁保护住宅的同时，要用窗户将阳光、风、庭院景色适当引入室内，让室内外柔和过渡。选择饰面材料时，如果给原本就坚固冷硬的住宅裹上更硬的材质，对脆弱的人类来说，可能过于严苛。不要只用坚固的材质让整体印象更生硬，而应该用木材、泥土、纸张等材料，作为房间隔断等处的饰面，让住宅充满自然与人的气息。这些材料自身会呼吸，触感舒适又美观，但也有一些缺陷。一旦阳光和风倾洒到这些脆弱的面层，整个房屋就活泛起来，好像在应和大自然无声的问候。人们身处这样的空间，想必会得到难以言表的慰藉。

设计私密性高的房间时，必须一边斟酌如何衔接其他空间，一边考虑如何满足房间功能。另一个重要课题则是，如何既实现上述设计，又让人目视或用手脚触摸时，对住宅的感知更美好。

译注：
[1] 6叠，即房间里铺着6张榻榻米，大约9.7平方米。

第三章

梦寐以求的
独处空间

设计住宅时，既要设计家人团聚的客厅、餐厅，也要设计家庭成员各自的空间。如果能置身于属于自己的空间，哪怕地方不大，人也会平静下来。

虽说要准备独处空间，但未必是独立的房间。心爱的舒适座椅，或者面朝庭院的缘侧，都是不错的选择。生活中最大的快乐之一，就是既能感受到家人在身边，又能享受独处的时光。欣赏庭院中的新绿，树荫中洒落的光斑，仰望夜空，身心就能缓缓放松。

从主卧看阳台。在窗边放上"Nychair"[1]，就化身为绝佳的独处空间。从昏暗的室内看向明亮的外界，会感到平静安详。

译注
[1] Nychair：由日本设计师新居猛设计，1970年上市的折叠椅，折叠后也不会倒下。

室外也能成为独处空间

"宇都宫之家"
阳台周边剖面详图【1：50】

二层宽敞的阳台上有屋顶，因此可用作室内空间。躺在躺椅上，望着中庭和天空，只觉时光缓慢而无声地流逝。

雨天，可以在面朝主卧的阳台小憩。望着雨点敲打着树丛，云朵飘过，时间在不知不觉间溜走。

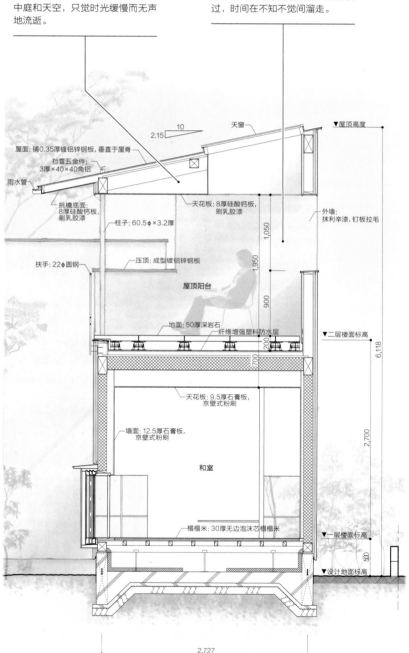

阳台的三面被住宅主体和栏板环绕，面向中庭，十分开敞。这里被适度包围，令人安心，同时向外界敞开，形成了舒适的栖身之处。

不用为每个家庭成员准备专用的独处空间，只需让每个人找到自己中意的地方。

窗边的栖身之所

"宇都宫之家"二层平面图【1:200】

有屋顶遮盖的二层阳台。能让人静心的场所不一定在室"内"。有屋顶、屋檐、墙壁的遮蔽，又有绿植为伴，这样的"外部"也能放飞心灵。

小住宅更要从剖面来设计

在狭小的住宅用地，如果只考虑如何配置房间，即只考虑格局，有时难以满足住户的要求。这时需要同时考虑建筑物的剖面。因为从垂直方向考虑住宅设计，就能从有限的空间中找到空隙，并获得设计起居方式的灵感。

"二子玉川之家"建于一片狭小用地。设计之初，就用模型研究剖面，思考如何尽可能利用整个有限的空间。例如，姐妹二人共用的儿童房只有 4.5 帖（约合 7.3 平方米）。立体摆放家具，姐妹俩就能拥有"自己的空间"。此外，儿童房比其他房间地面高大约 3 级台阶，地板下藏着宽敞的储物空间。

从儿童房看公共空间。抬头望天花板方向，只见儿童房和二层客厅空间通过横条窗连成一体。

从公共空间看儿童房。两张床像博古架一样高低错落，姐妹俩各自的书桌和书架呈"L"形放置，互相斜对。地板下则是储物空间。

设计住宅时，并不一定要先设计平面，后考虑剖面。何时何地，为谁设计，何时选材，重视什么，以何种规模设计，用模型还是透视图做方案，用什么建模……设计师得出的结论会随这些要素的变化而变化，这一点要时刻牢记。

在剖面也要串联房间

"二子玉川之家"
剖面详图【1：60】

客厅兼餐厨和儿童房虽然在不同楼层，但通过横条窗，可以感知彼此的动静。

通过抬高儿童房地面，腾出了地板下空间，也更易制造和上一层的互动。

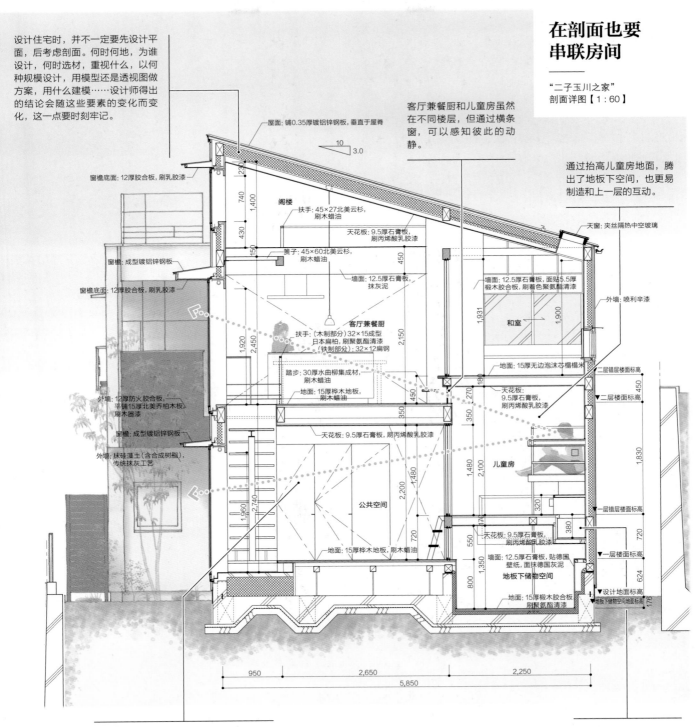

屋面：铺0.35厚镀铝锌钢板，垂直于屋脊

10
3.0

窗缘底面：12厚胶合板，刷乳胶漆

窗缘：成型镀铝锌钢板

窗缘底面：12厚胶合板，刷乳胶漆

外墙：12厚防火胶合板，平铺15厚北美乔柏木板，刷木器漆

窗缘：成型镀铝锌钢板

外墙：抹硅藻土（含合成树脂），传统抹灰工艺

阁楼

扶手：45×27北美云杉，刷木蜡油

天花板：9.5厚石膏板，刷丙烯酸乳胶漆

簧子：45×60北美云杉，刷木蜡油

墙面：12.5厚石膏板，抹灰泥

客厅兼餐厨

扶手：（木制部分）32×15成型日本扁柏，刷聚氨酯清漆（铁制部分）：32×12扁钢

踏步：30厚水曲柳集成材，刷木蜡油

地面：15厚桦木地板，刷木蜡油

天花板：9.5厚石膏板，刷丙烯酸乳胶漆

公共空间

地面：15厚桦木地板，刷木蜡油

天窗：夹丝隔热中空玻璃

墙面：12.5厚石膏板，面贴5.5厚椴木胶合板，刷着色聚氨酯清漆

和室

外墙：喷利辛漆

地面：15厚无边泡沫芯榻榻米

天花板：9.5厚石膏板，刷丙烯酸乳胶漆

二层错层楼面标高

二层楼面标高

儿童房

一层错层楼面标高

天花板：9.5厚石膏板，刷丙烯酸乳胶漆

墙面：12.5厚石膏板，贴德国壁纸，面抹德国灰泥

地板下储物空间

地面：15厚椴木胶合板，刷聚氨酯清漆

一层楼面标高

设计地面标高

地板下储物空间地面标高

950　2,650　2,250

5,850

在狭小的住宅用地，尤其需要从设计之初研究剖面。不但要活用每一处缝隙，还应该尽早设计"视线走廊"，缓解空间的逼仄感。

定制的桌面用作书桌。桌下留出方坑，可以放进双腿，以普通坐姿使用。

伴随孩子成长而变化的儿童房

　　所谓儿童房，孩子太小时用不到，长大离家后可能就不再需要。所以不如让儿童房根据孩子的成长和生活模式的变化，满足多种用途。其实最好让孩子们的地盘不限于儿童房，而是遍布住宅各处。客厅角落里如果有张小桌，孩子可能就会把课本摊桌上。他们一会儿坐在宽敞的走廊看书，一会儿在半露天空间和小伙伴嬉闹……孩子生来喜欢占据家中的闲置空间。就算是为了孩子，也应该尽量在住宅中多留出余地。

　　其实，弹指一挥间，孩子就长大了。正因如此，更应珍惜和孩子在家中共处的时间和空间。

把推拉门推进墙中，从儿童房看多功能空间。整个空间包括露台，都连成一体，显得宽敞通透。为了在多功能空间，既感受到家人的存在，又能集中精力阅读、学习，挑空空间前应有墙，用以遮蔽视野并聚拢光线。

1. 从二层楼梯间看多功能空间和儿童房。这个空间宽敞、舒适，不只是走廊。
2. 从儿童房的窗户能欣赏到院中绿树。转角窗让房间更敞亮。

人们自然而然会驻足、聚集在留白区域。在儿童房前的走廊留出足够的空间，放上书桌，就成了孩子们最爱的角落之一。

不要想当然地认为孩子们的居所就是儿童房。只要给家中留出空白区，孩子们自会找到他们最中意的地盘。

千变万化的小人国

"Terrace & House"
二层儿童房周边平面图
【1 : 80】

等孩子们需要时再准备儿童房就足够了。在家人团聚的空间设计各种各样的"歇脚处"，孩子们就不会频繁躲进自己的房间。

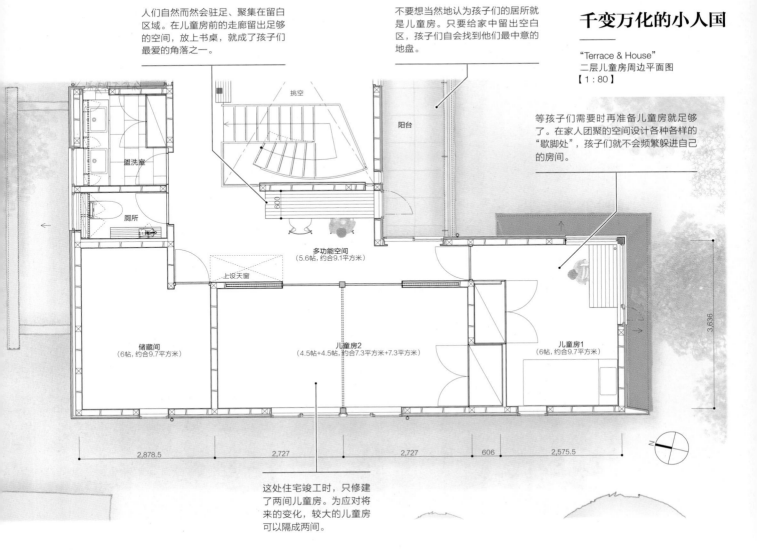

挑空

阳台

盥洗室

厕所

多功能空间
（5.6帖，约合9.1平方米）

上设天窗

储藏间
（6帖，约合9.7平方米）

儿童房2
（4.5帖+4.5帖，约合7.3平方米+7.3平方米）

儿童房1
（6帖，约合9.7平方米）

600

3,636

2,878.5　2,727　2,727　606　2,575.5

这处住宅竣工时，只修建了两间儿童房。为应对将来的变化，较大的儿童房可以隔成两间。

N

好格局有助
顺畅沟通

在许多户型中，家人团聚的房间和儿童房分设于不同楼层。可以将和家人互动的场所，设计在从玄关到儿童房的路线（动线）上。

"下高井户之家"的格局正是如此——客厅兼餐厨在一层，儿童房在二层。在通往二层的楼梯上能俯瞰整个客厅，便于亲子互动。儿童房位于餐厅上方挑空周围，这样的距离让家人分处不同楼层时，也能听到对方的说话声。母亲在厨房忙碌时也能听到儿童房里的响动，所以即使不在一个空间，也能放心。

从儿童房看挑空空间。儿童房在北侧，所以南边的阳光能穿过挑空洒进来。即使拉起推拉门，门上镶有宽大的玻璃，采光依旧充足。

从楼梯通往楼下的入口处看挑空对面的儿童房。把推拉门推进墙里时，儿童房就和挑空连成一片，和楼下的客厅兼餐厨也能互通有无。

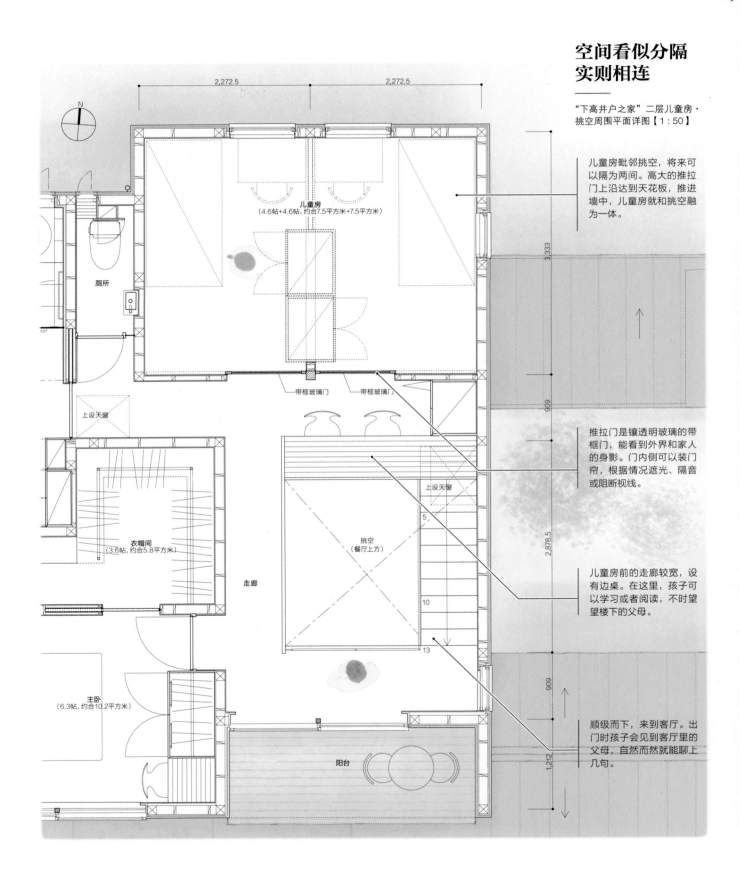

空间看似分隔
实则相连

"下高井户之家"二层儿童房·
挑空周围平面详图【1:50】

儿童房毗邻挑空,将来可
以隔为两间。高大的推拉
门上沿达到天花板,推进
墙中,儿童房就和挑空融
为一体。

推拉门是镶透明玻璃的带
框门,能看到外界和家人
的身影。门内侧可以装门
帘,根据情况遮光、隔音
或阻断视线。

儿童房前的走廊较宽,设
有边桌。在这里,孩子可
以学习或者阅读,不时望
望楼下的父母。

顺级而下,来到客厅。出
门时孩子会见到客厅里的
父母,自然而然就能聊上
几句。

2,272.5   2,272.5

N

厕所

儿童房
(4.6帖+4.6帖,约合7.5平方米+7.5平方米)

带框玻璃门   带框玻璃门

上设天窗

衣帽间
(3.6帖,约合5.8平方米)

走廊

挑空
(餐厅上方)

上设天窗

5

10

13

主卧
(6.3帖,约合10.2平方米)

阳台

3,333

909

2,878.5

909

1,212

用室内窗建立对话

打开儿童房室内窗，看向客厅。视线延伸向楼梯间里的读书角和阳台。

　　窗户不一定开在面向外墙的部分。开在房间之间墙上的"室内窗"能衔接起相邻空间，既能改善光照、通风情况，让视野更通透，又能让家人感知彼此的存在。

　　在"常盘之家"，儿童房里有一扇小室内窗。只要稍稍拉开，就能看到客厅、餐厅里家人的身影。在儿童房里添上这样的"空隙"，或许有助于家人间的沟通。一关门就密不透风、与世隔绝的儿童房想必不会得到孩子们的喜爱。

别把孩子关进儿童房

"常盘之家"二层平面详图【1：60】

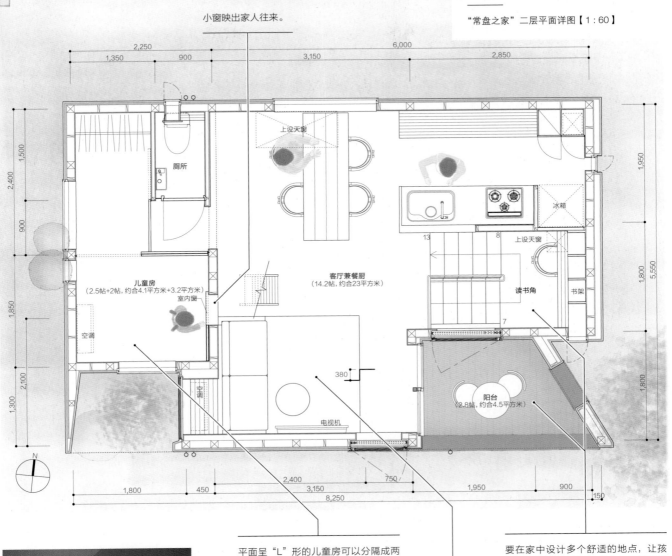

小窗映出家人往来。

厕所

儿童房
(2.5帖+2帖，约合4.1平方米+3.2平方米)

室内窗

空调

空调

电视机

上设天窗

客厅兼餐厨
(14.2帖，约合23平方米)

冰箱

上设天窗

读书角

书架

阳台
(2.8帖，约合4.5平方米)

N

2,250
1,350   900
3,150
6,000
2,850

1,500
2,400
900
1,850
2,100
1,300

1,950
1,800
5,550
1,800

13   8
7
380

1,800   450   2,400   750   1,950   900
3,150
8,250
150

从客厅看室内窗。窗前的梯子通向阁楼。从阁楼能俯瞰整个二楼，那是孩子们心爱的小天地。

平面呈"L"形的儿童房可以分隔成两部分。南侧空间为2.5帖（约合4.1平方米）。室内有大小不一的两扇窗，映着窗外绿树，还有连通客厅的室内窗，因此不显得闭塞。

要在家中设计多个舒适的地点，让孩子、大人都想多停留，比如，楼梯间里的读书角和宽敞的阳台。

不要一味地认为孩子就应该待在儿童房。在我看来，在有孩子的住宅，整个家都是他们的地盘，只不过大本营在儿童房而已。尽量保证房间内有一定余地，让孩子长大后也不显局促。

和室需要低重心、软材质

"床[1]坐"，即直接坐在地面上的坐姿，是和室的前提。由于身体会直接触碰地面和墙面，所以更适合选用植物原料、触感轻柔的材质。另外，为了契合坐榻榻米时视线的高度，空间的重心也要压低。可以拉低门楣，也可以用接地矮窗和深屋檐框起如画的庭院风光。通过这些方法，让它们相互作用，形成低重心，和室就会笼罩在一片静谧中。

从南院看和室里的土间。玻璃门和防雨门都能推进墙体里。

译注：
[1]床：在日语中指室内架高的地面。在日式建筑中架高部分一般铺木板或榻榻米。

拉开障子，土间出现在眼前，它与庭院相通。让出口矮一点、窄一些，更能让人想象院子的开阔，院外的邻居家也不会闯入视野。

与西式房间不同的装潢

"Terrace & House"
一层和室周围平面透视图【1:75】

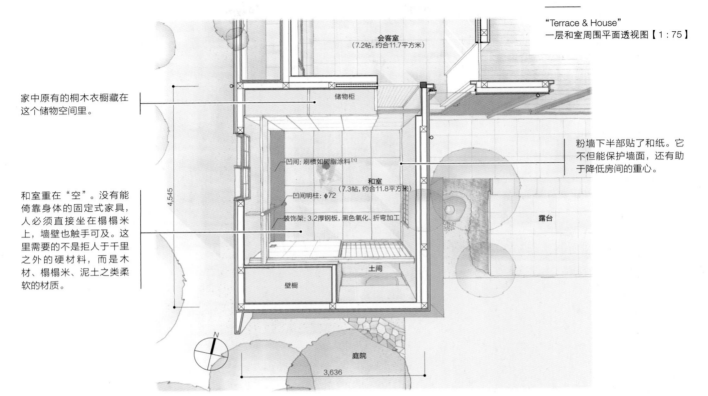

家中原有的桐木衣橱藏在这个储物空间里。

和室重在"空"。没有能倚靠身体的固定式家具，人必须直接坐在榻榻米上，墙壁也触手可及。这里需要的不是拒人于千里之外的硬材料，而是木材、榻榻米、泥土之类柔软的材质。

粉墙下半部贴了和纸。它不但能保护墙面，还有助于降低房间的重心。

会客室
（7.2帖，约合11.7平方米）

储物柜

凹间：刷槚如树脂涂料[1]

和室
（7.3帖，约合11.8平方米）

凹间明柱：φ72

装饰架：3.2厚钢板，黑色氧化、折弯加工

露台

土间

壁橱

庭院

3,636

4,545

译注：
[1] 槚如树脂涂料：1950年由日本Cashew公司开发的合成树脂涂料，主要原料是从腰果（槚如树的种子）壳中提炼出的油脂。
[2] 式台：铺设在日式房屋玄关口的地板部分，比室内地面略低，用于迎送客人。
[3] 楣窗：和室中安装在天花板和推拉门楣之间的雕花板，用于采光、通风及装饰。

为"床座"调整高度

"Terrace & House"
和室内立面图【1:60】

和室入口上方装饰着楣窗[3]。站在会客室的地板上，只见庭院出现在土间尽头。

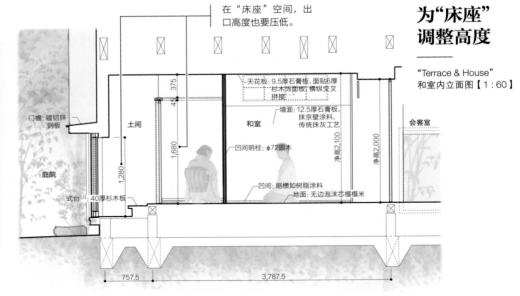

在"床座"空间，出口高度也要压低。

门槛：镀铝锌钢板

土间

庭院

式台[2]：40厚杉木板

天花板：9.5厚石膏板，面贴6厚杉木饰面板行 横纵交叉拼接

墙面：12.5厚石膏板，抹京壁涂料，传统抹灰工艺

和室

凹间明柱：φ72圆木

凹间：刷槚如树脂涂料
地面：无边泡沫芯榻榻米

会客室

净高2,100

净高2,000

375　45　1,680　1,280

757.5　3,787.5

袖珍空间增加住宅纵深

在茶道中，人们鉴赏粉茶茶碗时会称赞道："风景很美。"这体现了日本独有的审美：从小巧的器物、工具中也能发现风景。让司空见惯的日常生活中也蕴藏丰美的景致——这正是我推崇的居所。

"二子玉川之家"面积不大。楼梯的第一级台阶设计得较宽，作为进茶室前的踏脚台[1]。钻进窝身门，里面是不到2帖（约合3.2平方米）的小房间。那里只有透过障子洒入的阳光，微暗的氛围令人印象深刻。阴影浮动的袖珍空间给狭小住宅带来了"纵深"。榻榻米房间里，光影交织成静谧的风景，时刻给心灵带来慰藉。

从楼梯入口处看窝身门。第一级台阶也是茶室的脱鞋处。

在1.7帖的茶室感受幽深

"二子玉川之家"
一层茶室周边平面透视图
【1：30】

凹间只摆一块简单的木板，可以拆卸。表面涂刷槚如树脂涂料。

衣帽间
(1.5帖，约合2.4平方米)

卧室
(3.5帖，约合5.7平方米)

凹间：21厚椴木细木工板，刷槚如树脂涂料

障子

茶室
(1.7帖，约合2.8平方米)

榻榻米四周
地面：扁柏

障子

楼梯　走廊

1,666.5

1,650

庭院

墙面采用传统抹灰工艺，抹成灰色，渲染出幽静寂寥的氛围。天花板上铺设了萨摩[2]芦苇贴面胶合板。

所谓"窝身门"，是指狭小茶室入口处，只能让一人膝行进入的小门。这里的窝身门宽65cm，高108cm。

楼梯的第一级台阶也是茶室门外的踏脚台。

译注：
[1] 踏脚台：设在和室入口处，用于脱鞋的区域。它高于土间，与和室地面持平，一般采用和榻榻米不同的材质铺设。
[2] 萨摩：日本江户时代（1603—1867）萨摩藩管辖区域的雅称，包括现在九州的鹿儿岛县和宫崎县西南地区。

透过障子洒进的柔光，弥漫于小小
的榻榻米房间。不妨在此沉淀心
绪，独自静静品茶。

给榻榻米房间
设凹间

榻榻米房间内没有固定的装饰品，是名副其实的"空"间。而凹间能根据季节变化和节日习俗更换不同装饰。只要用花卉、卷轴或摆设装点，空间就立刻呈现迥异的风格。

"邻光之家"的和室平面形状不规则，凹间很小，宽 94cm，深 30cm。为了烘托凹间，底板材质选择了厚达 4.2cm 的芦野石。沉甸甸的芦野石底板能让任何凹间装饰品熠熠生辉。

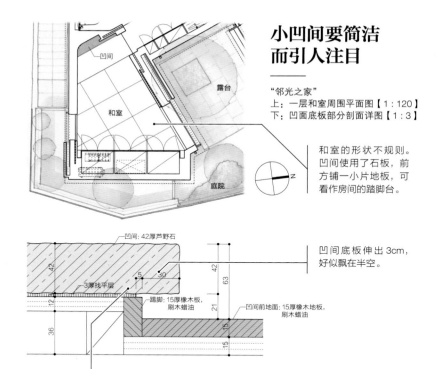

凹间
露台
和室
庭院

N

凹间: 42厚芦野石
3厚找平层
踢脚: 15厚橡木板，刷木蜡油
凹间前地面: 15厚橡木地板，刷木蜡油
42
63
30
21
15
15
5
36

为了展现石料原有的厚度与质感，几乎没有打磨。

小凹间要简洁
而引人注目

"邻光之家"
上：一层和室周围平面图【1:120】
下：凹面底板部分剖面详图【1:3】

和室的形状不规则。凹间使用了石板，前方铺一小片地板，可看作房间的踏脚台。

凹间底板伸出 3cm，好似飘在半空。

1. 虽然凹间进深不到30cm，石料制成的底板让它成为室内的主角。图中装点于此的是造型简约而小巧的漆器。

2. 朱红色的器皿把灰色芦野石底板当作舞台，从微光中浮现。

1. 客厅墙面上开出小小的窝身门。
2. 拉开袄门，氛围迥异、榻榻米铺地的书房映入眼帘。

从窝身门钻进男主人的书房

客厅一角可以设计读书角。这样可以节约空间，但因为与热闹的场所相邻，可能会分散注意力。

在"西大口之家"，古朴的粉墙堪堪隔出 1.8 帖（约合 2.9 平方米）的斗室，遍铺榻榻米，形成茶室风格的书房。虽然在客厅一角，但一钻进窝身门，就能在寂静中凝神、阅读。

借鉴茶室的形式与氛围

"西大口之家"
书房剖面透视图【1：30】

墙面和天花板用传统工艺涂抹掺有麻刀的涂料，模仿茶室。

窝身门狭小，人屈身方能勉强通过。钻出门洞，眼前的空间与日常生活空间的气氛截然不同。

通风格栅：北美云杉

天花板：9.5厚石膏板，京壁式粉刷

墙面：12.5厚石膏板，京壁式粉刷

搁板：36厚水曲柳细木工板，刷木蜡油

客厅

书房

灯具

小窗撷取一方风景，将公园绿荫映入室内，也给伏案工作的人带来亮光。

地面：30厚无边泡沫芯榻榻米

地面：15厚南部栗木地板，刷桐油

地面下挖，便于将双腿放进桌下，舒适地坐在桌前。

450
500
318
260
36
353
36
353
36
516
500
42
360
350
1,900
840
350
1,969.5

打造男人的居所——书房

拥有一间书房是男人的梦想。许多男主人曾小心翼翼地对我说:"如果可能的话,我想要一间书房,小一点也无妨。"我想尽可能满足他们的愿望,所以设计中也格外花心思。我的建议是,不要把书房的功能局限于面朝书桌、看书写字。不妨把它打造成一个舒适空间,让住户可以安处其中。空间也无须过大。

"之字形的家"书房面积约 3.6 帖(约合 5.8 平方米)。阳光透过障子,减弱为适合阅读的光线洒进室内。除了书桌和书架,还放置了可移动的沙发床。由此形成了属于男人的居所,紧凑而有包容性,可以自由选择使用方式。

男主人的居所

"之字形的家"二层平面图【1:150】

> 男主人紧凑的小天地位于二层东北角。拉开推拉门、卧室门,就能经阳台远眺院中的枫树、梅树。

小而惬意的书房

"之字形的家"
书房剖面透视图【1:20】

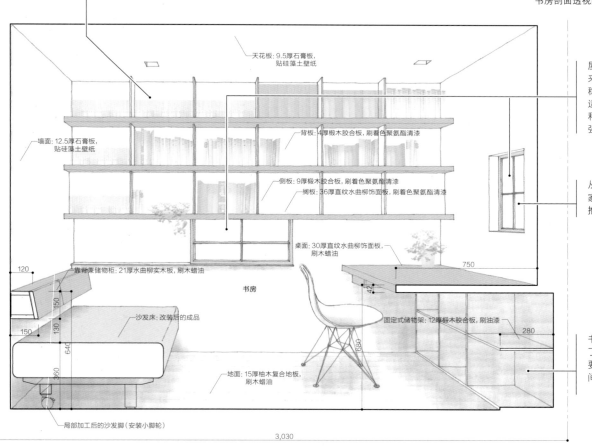

虽然空间紧凑,仅 3.6 帖(约合 5.8 平方米),但在这个居所内,可以安然独处。

天花板:9.5厚石膏板,贴硅藻土壁纸

墙面:12.5厚石膏板,贴硅藻土壁纸

背板:4厚椴木胶合板,刷着色聚氨酯清漆

侧板:9厚椴木胶合板,刷着色聚氨酯清漆

搁板:36厚直纹水曲柳饰面板,刷着色聚氨酯清漆

桌面:30厚直纹水曲柳饰面板,刷木蜡油

靠背兼储物柜:21厚水曲柳实木板,刷木蜡油

书房

沙发床:改装后的成品

固定式储物架:12厚椴木胶合板,刷油漆

地面:15厚柚木复合地板,刷木蜡油

局部加工后的沙发脚(安装小脚轮)

屋内仅开两扇小窗,来自北侧的光线成为稳定光源。为了形成适合阅读等活动的柔和光线,用障子过滤强光。

从东边的窗能看到邻家的院子。障子可以推进墙中。

书房里物品很多。为了不让它们散乱一片,要准备足够的储物空间。

虽然名叫书房，但不只是书房——可以坐在椅子上阅读，躺在沙发上午睡，或者把沙发当靠背，席地而坐听音乐……在这里，可以用舒服的姿势做任何想做的事。

将享受个人爱好的空间与家人分享

　　从前，人们爱车。有不少经历过超级跑车[1]时代的人至今还怀有对车的狂热。这位男主人也是其中之一——他为了和爱车生活在同一屋檐下，专门建了一栋偏屋。一层除了停车位，还有映照车身的长镜和用来保养车辆的水池，以及专供欣赏爱车的房间。

　　另外，营造享受嗜好的空间时，也不能忘记考虑家人。在这里，土间局部铺设大谷石，形成优雅的空间，可用来举办家庭派对等活动。在家中享受个人嗜好的秘诀可能就是和家人一同分享乐趣吧。

译注：
[1] 超级跑车（supercar）：指性能优越、输出功率高、具有特殊造型而价格高昂的跑车。20 世纪 70 年代，日本曾掀起一股超级跑车热潮，兰博基尼 Countach、法拉利 512BB 等超级跑车，令广大爱车之人趋之若鹜。20 世纪 90 年代初，随着日本泡沫经济的崩溃，这股热潮也逐渐冷却。

保养爱车的间隙，坐在柚木铺面的大圆台边稍事休息。爱车的身形被收入面阔560cm的长条镜中。

在偏屋与家人共享爱车生活

"浅间町偏屋"
一层平面图【1:75】

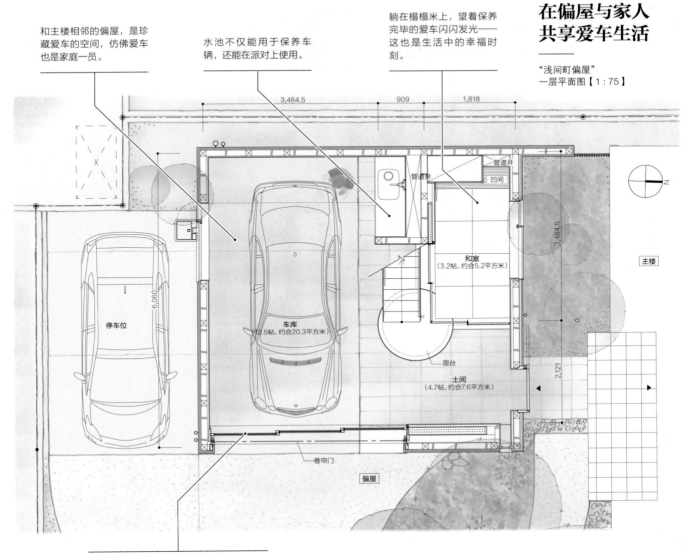

和主楼相邻的偏屋，是珍藏爱车的空间，仿佛爱车也是家庭一员。

水池不仅能用于保养车辆，还能在派对上使用。

躺在榻榻米上，望着保养完毕的爱车闪闪发光——这也是生活中的幸福时刻。

3,484.5　909　1,818

管道井

凹间

和室
(3.2帖，约合5.2平方米)

3,484.5

主楼

6,060

停车位

车库
(12.5帖，约合20.3平方米)

圆台

土间
(4.7帖，约合7.6平方米)

2,121

卷帘门

偏屋

把车子开出，这里就成为土间，适合举办家庭派对。门口除了卷帘门，还安装了带框玻璃门。拉上玻璃门，阳光也能洒进来，方便住户从室内欣赏院中绿树。

偏屋正面。此时收起了卷帘门，带框玻璃门也都已推进墙中。右边内侧是和室。

隧道玄关令人心生期待

形状规整，又较为宽敞——这样条件上佳的住宅用地，在日本的城市中已不多见。如今司空见惯的是形状不规则或面积狭小的用地。但限制条件有时也能给建筑增添魅力，不妨将其看作"用地的个性"。

"府中之家"是一栋建在旗杆地的小宅。面向道路的旗杆部分宽仅2.5m，长度却达17m。在此设计狭长的玄关，如同隧道。幽暗的玄关只有脚边相对明亮，让人对前方的空间充满期待。当然，隧道也将它尽头的居住空间衬托得更明亮、开阔。

从幽暗的隧道玄关看多功能空间。中庭射进的阳光照亮了住宅内部，仿佛在温柔地迎接家人和客人。

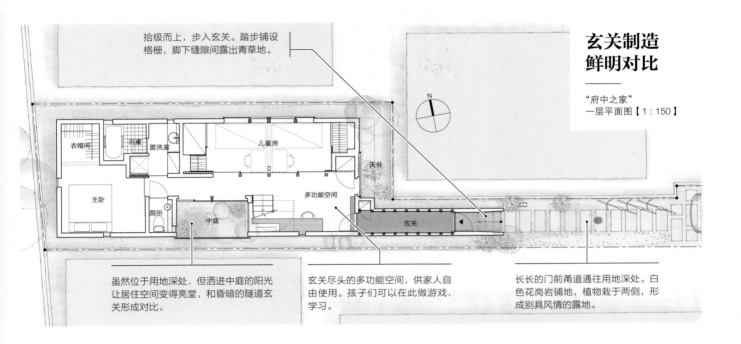

玄关制造鲜明对比

"府中之家"
一层平面图【1:150】

拾级而上，步入玄关。踏步铺设格栅，脚下缝隙间露出青草地。

衣帽间　浴室　盥洗室　儿童房　天井

主卧　厕所　多功能空间

中庭　玄关

虽然位于用地深处，但洒进中庭的阳光让居住空间变得亮堂，和昏暗的隧道玄关形成对比。

玄关尽头的多功能空间，供家人自由使用。孩子们可以在此做游戏、学习。

长长的门前甬道通往用地深处。白色花岗岩铺地，植物栽在两侧，形成别具风情的露地。

看似飘浮的玄关

"府中之家"
剖面图【1:150】

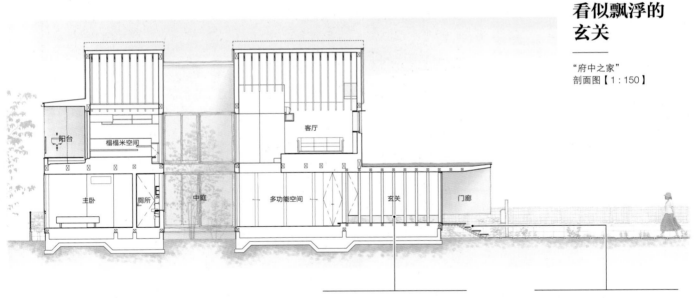

阳台　榻榻米空间　客厅

主卧　厕所　中庭　多功能空间　玄关　门廊

在狭长的隧道玄关，排列着多个细方柱制成的门形框架，柱体边长9cm，间距60cm。只在脚边留有开口，限制光线进入。

玄关、门廊地面和台阶踏步铺设格栅，营造出悬空的视觉效果。格栅的空隙让天光和雨水落下，空隙间露出绿莹莹的草丛和泥土。

从多功能空间由近及远看儿童房和主卧。各个空间将中庭围合。

模糊的分界让空间灵活机动

日本式住宅格局的特征就是"续间"——房间之间的隔断使用可拆卸的障子或袄门，界限暧昧；空间从内向外、从外向内地流动变化，而非固定不变。如果用新观点解读这样的空间结构，想必能打造出契合现代住宅的"续间"。

在"妙莲寺之家"，玄关旁设计了5帖（约合8.1平方米）的多功能空间。拉上障子、玻璃门，就能招待客人，或者从事个人爱好。玄关正面内侧是和室。把障子隔断收进墙中，就变成传统日式旅馆风格的门厅，很有情调。朋友来借宿时，用障子围拢和室，又能用作客房。正因为现代住宅承载了多样化的生活方式，才更需要暧昧的界限、灵活多变的空间。

从和室看中庭和多功能房间（上图）。需要把多功能空间完全隔断时，就从墙中抽出障子（下图）。

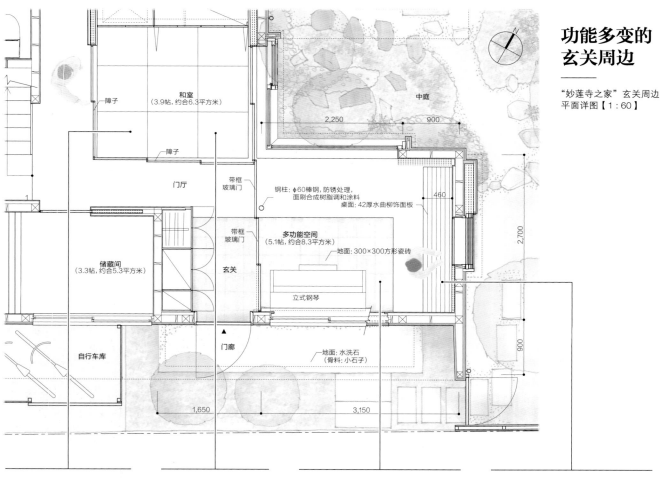

功能多变的玄关周边

"妙莲寺之家"玄关周边平面详图【1：60】

和室三面的隔断使用了障子，都能收于墙中。

收起障子，就变身为榻榻米房间，仿佛是日式旅馆前厅。

拉开玻璃门，就可以招待突然到访的客人，或者弹琴、阅读。

家人们都喜欢这个面朝庭院的窗边长桌。桌下地面下挖，可以轻松地坐在桌边。

从多功能空间看玄关门厅、和室。
空间里只有面向中庭的接地矮窗，
但可以通过拉出或收起用作隔断的
障子、玻璃门，调节空间的纵深和
开敞程度。

玄关旁实用的
榻榻米房间

在"常盘之家"的玄关旁有约3帖（约合4.9平方米）的和室。它不但让玄关显得更宽敞，也能用作会客室。请客人直接坐在木板铺地的部分，客人就不用脱鞋。其实，这间和室到了晚上就变作男主人的书房。装饰架看似凹间，但把底板翻起，就成了书桌。袄门内侧藏着书架。

和室可以实现多种用途。要想发挥这一特质，需要给和室留出"空"的余地。只要空间中的物件能归置妥当，榻榻米房间就能发挥出更多潜力。

玄关土间旁的和室是迎接客人的场所，也是男主人的书房，但这一功能很隐蔽。面向天井的窗台布置成凹间的式样，其实是书桌和书架。

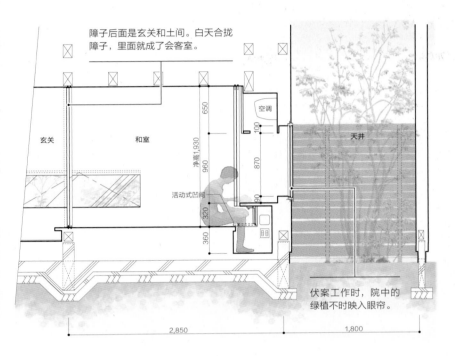

障子后面是玄关和土间。白天合拢障子，里面就成了会客室。

玄关

和室

空调

天井

净高1,930

650

100

960

870

90

活动式凹间

320

360

伏案工作时，院中的绿植不时映入眼帘。

2,850　　　1,800

兼作会客室或书房
——百变的榻榻米房间

"常盘之家"
左：和室剖面图【1：50】
右：一层平面图【1：200】

天井

和室

卧室

玄关

N

道路

位于玄关里侧的和室，面积为3帖（约合4.9平方米），可以用作会客室或书房。

窗边书桌形似凹间。右边有上悬式袄门，拉开后就露出书架。袄门裱糊藤黄和纸，乍一看像墙面。

从书架取书时，就把袄门推向书桌一侧。

凹间底板可以翻动。装饰架用作书桌时，就把底板翻起，坐在榻榻米边，双腿伸进桌下。

不让功能
一目了然

"常盘之家"
凹间剖面详图【1：10】

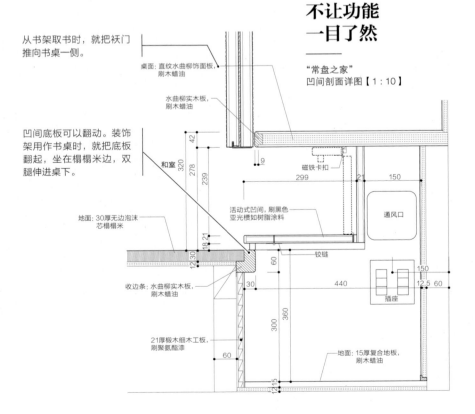

桌面：直纹水曲柳饰面板，刷木蜡油

水曲柳实木板，刷木蜡油

42

9

磁铁卡扣

299　　21　　150

和室

320

278

239

活动式凹间，刷黑色亚光槲如树脂涂料

通风口

地面：30厚无边泡沫芯榻榻米

18 21

12 30

铰链

60

收边条：水曲柳实木板，刷木蜡油

30

440　　150

插座

12.5 60

300

360

21厚椴木细木工板，刷聚氨酯漆

地面：15厚复合地板，刷木蜡油

60

1215

让住宅便于高效做家务

　　设计住宅时，要注意不要妨碍家务动线。尤其在错层住宅，为了避免做家务时来回上下楼，应该把厨房等用水空间放在同一层（最好在中间一层）。

　　在"东村山之家"，餐厅兼厨房位于夹层，比客厅高出 5 级台阶。夹层集中了家务间和晒台。空间几乎设计在一条直线上，所以能高效完成烹饪、洗衣、晾晒等家务。

从一层客厅看通往夹层和二层的两段楼梯。在夹层烹调、洗衣时，不用爬楼梯上下楼。

从餐厅看厨房。里侧依次是家务间、盥洗室和浴室。在比客厅高半层的夹层，集中了与家务相关的大部分场所。

这栋住宅的魅力就在于，在夹层几乎能解决所有家务。餐厅、厨房、洗衣房、晒台大致排列成一条直线，做家务时不用绕远。

把家务动线集中在夹层

"东村山之家"
一层·夹层平面图【1：70】

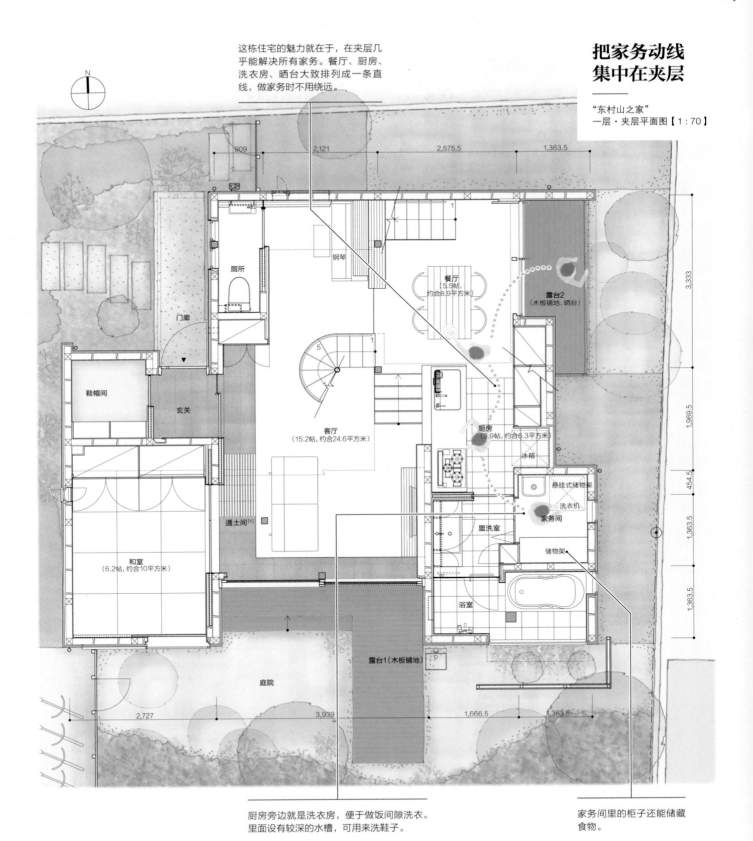

N

909　2,121　2,575.5　1,363.5

厕所

钢琴

门廊

餐厅
(5.5帖,约合8.9平方米)

露台2
(木板铺地,晒台)

鞋帽间

玄关

5

客厅
(15.2帖,约合24.6平方米)

厨房
(3.9帖,约合6.3平方米)

冰箱

悬挂式储物架

洗衣机

家务间

盥洗室

3,333

1,969.5

454.5

通土间[1]

和室
(6.2帖,约合10平方米)

储物架

1,363.5

浴室

1,363.5

露台1(木板铺地)

庭院

2,727　3,939　1,666.5　1,363.5

厨房旁边就是洗衣房，便于做饭间隙洗衣。里面设有较深的水槽，可用来洗鞋子。

家务间里的柜子还能储藏食物。

译注：
[1] 通土间：原指日本町家建筑中的土间空间，位于店面一旁，用来烹调、通行，狭长而贯穿町家主体建筑。这里的通土间也有走廊的功能，通向庭院。

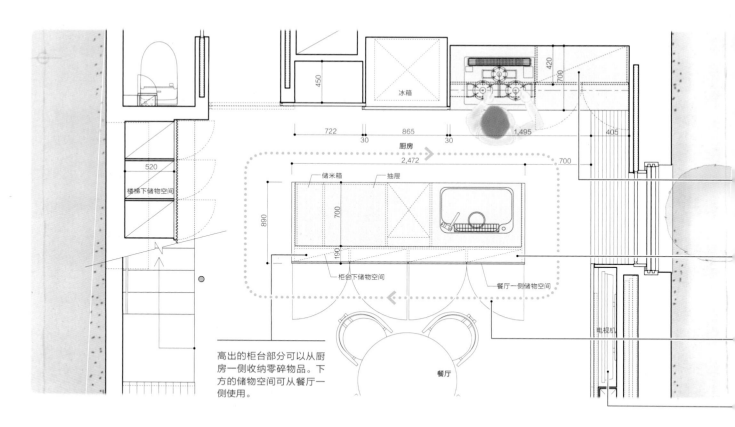

厨房

2,472   700

储米箱   抽屉

890   700

190

柜台下储物空间   餐厅一侧储物空间

722   865   1,495   405
30   30

450

520

楼梯下储物空间

电视机

餐厅

高出的柜台部分可以从厨房一侧收纳零碎物品。下方的储物空间可从餐厅一侧使用。

为了从餐厅、客厅看厨房时更显整洁，用拉门藏起冰箱和烹调家电。

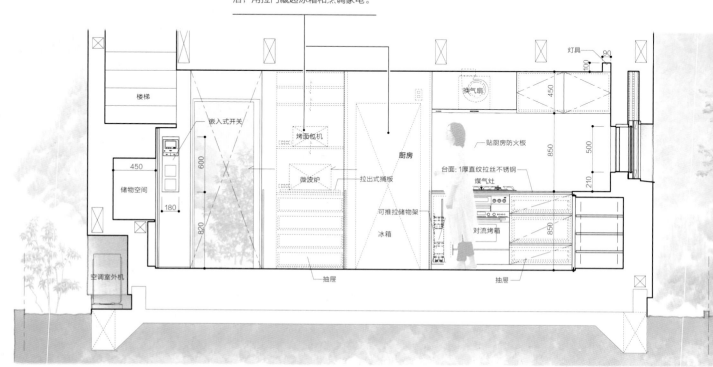

楼梯

嵌入式开关

450   600

储物空间

180   820

空调室外机

烤面包机

微波炉   拉出式捅板

可推拉储物架

冰箱

抽屉

厨房

换气扇

450

贴厨房防火板

台面：1厚直纹拉丝不锈钢

850   500

煤气灶

对流烤箱   210

灯具   90
100

850

抽屉

属于全家人的厨房

"之字形的家"
上：一层厨房周边平面图【1:40】
下：一层厨房周边立面图【1:40】

如果在煤气灶旁也准备操作台，其实烹调会方便不少。

为了从餐厅看厨房时不显得凌乱，在中岛台边缘设计了高出台面的窄柜台（比台面高 23cm）。

人可在厨房内绕行，适合多人同时使用，也能让餐厅里的家人参与烹饪、洗涮。

电视机也藏在大大的单拉门里，让客厅兼餐厨更显整洁。

1. 从客厅看餐厅和厨房。厨房周边的饰面材料统一为水曲柳胶合板，非常美观。
2. 中岛台的柜台。精心摆盘之后，只要把菜肴放在柜面上，家人就会端上餐桌。

厨房设计重在符合个人习惯

厨房使用时便利与否，取决于厨房与整体格局的关系。在"之字形的家"，厨房和客厅、餐厅串联成一体，煤气灶在墙边，水槽和操作台位于中岛台。在厨房忙碌时，能看着餐厅里的家人和窗外庭院的景色。因为可以环中岛台走动，厨房就能容纳多人，方便一同烹饪。水槽、煤气灶边都设抽屉作为储物空间。虽然没有什么成规，但如果储物空间进深较大，为方便取出放在深处的物品，做成抽屉会更好。

有些业主希望在厨房中展示烹饪用具和锅具。由于每个人在厨房做家务的习惯不同，需要事先细致沟通，才能设计出既满足业主需求，又方便业主使用的厨房。

洗衣动线会经过卧室。小桌和阳台上的椅子，可以阅读、写字，是家务间隙舒适的休息区。

活动自如的家更舒心

在家中能否流畅地活动、完成日常起居，直接关系着生活的便利度、舒适度。如果能一气呵成地做家务，家人就不会为家务而累积压力，效率也会更高。打造住宅，必须研究所谓动线，也就是人活动的路线。在面积较大的住宅中，动线会相应拉长，尤其需要留意。

这栋住宅的主卧边是浴室。周围不仅有洗衣／更衣室，还有衣帽间和两处晾晒空间，能简单、流畅地完成穿脱衣物、洗衣收纳等一系列家务。在这里，多点间往返的循环式动线充分发挥着作用。

朝南的阳台视野开阔，景色宜人。夏天过于强烈的阳光会损坏衣物，所以要注意晾晒的地点和时间段。

流畅往返
快速解决家务

"Terrace & House"
二层卧室·用水空间平面详图
【1：60】

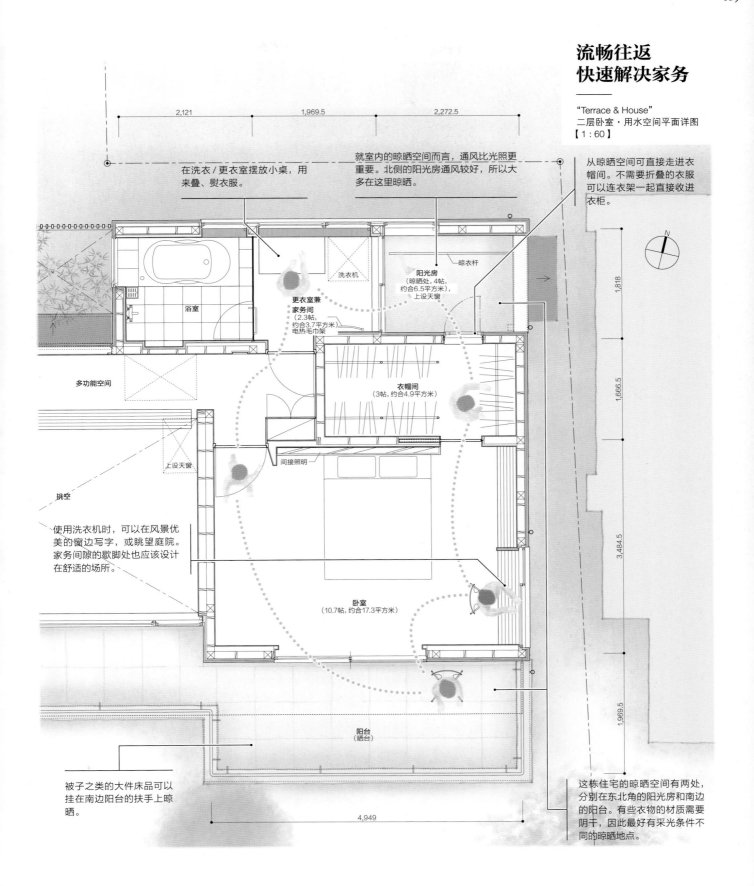

在洗衣/更衣室摆放小桌，用来叠、熨衣服。

就室内的晾晒空间而言，通风比光照更重要。北侧的阳光房通风较好，所以大多在这里晾晒。

从晾晒空间可直接走进衣帽间。不需要折叠的衣服可以连衣架一起直接收进衣柜。

2,121　1,969.5　2,272.5

浴室

多功能空间

更衣室兼家务间
（2.3帖，约合3.7平方米）
电热毛巾架

洗衣机

阳光房
（晾晒处，4帖，约合6.5平方米），上设天窗

晾衣杆

衣帽间
（3帖，约合4.9平方米）

上设天窗

间接照明

挑空

使用洗衣机时，可以在风景优美的窗边写字，或眺望庭院。家务间隙的歇脚处也应该设计在舒适的场所。

卧室
（10.7帖，约合17.3平方米）

1,818

1,666.5

3,484.5

1,969.5

阳台
（晒台）

被子之类的大件床品可以挂在南边阳台的扶手上晾晒。

4,949

这栋住宅的晾晒空间有两处，分别在东北角的阳光房和南边的阳台。有些衣物的材质需要阴干，因此最好有采光条件不同的晾晒地点。

不受外界视线
打扰的舒适浴室

泡澡的时间非常宝贵。它既能缓解一天的疲惫，早晨又能让我们神清气爽。如果能边泡澡边呼吸外界的新鲜空气，沐浴阳光，或者赏月，那一定是世上最幸福的事之一。不过，浴室也是住宅中私密度最高的空间，因此设计窗户时要格外小心。

"元浅草之家"位于住宅区。浴室窗口很大，面向住宅用地北侧的道路。而道路对面的窗户也都朝着这户住宅。我们在窗外靠道路一侧设计了阳台，从地面到天花板都砌上有孔砖。这个阳台既能遮挡外界的视线，也是个适合小憩的角落，泡澡后可以乘凉。

1. 浴室前堆砌的有孔砖是住宅正面的亮点。横梁和楼板侧面也贴着砖块削成的薄片，让砖块堆成的立面在垂直方向上一气呵成。
2. 从阳台看有孔砖砌的墙面。阳台上铺木板，类似于半露天空间。

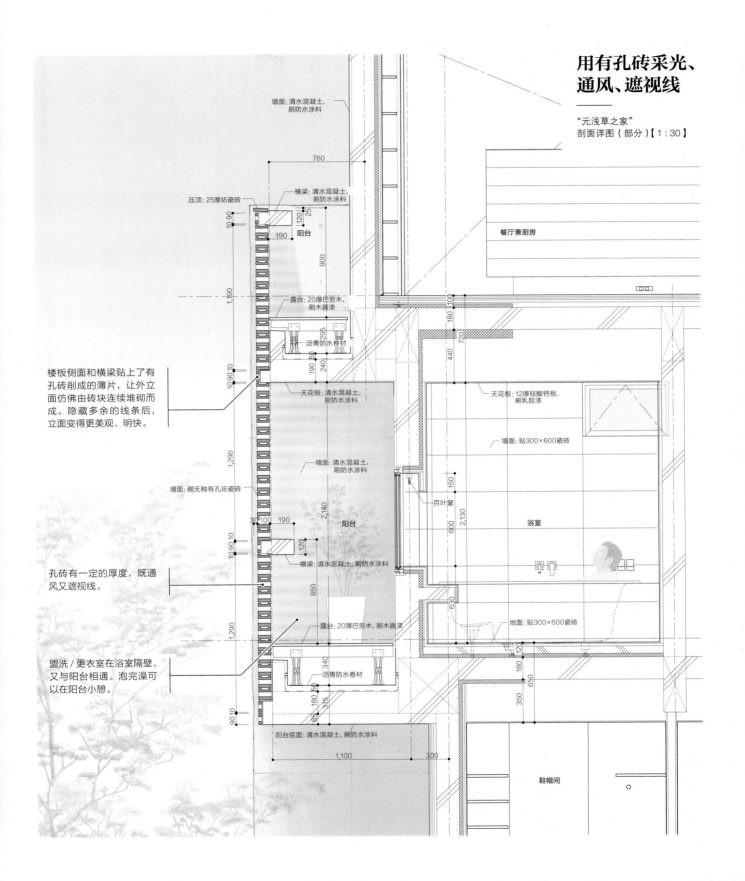

用有孔砖采光、通风、遮视线

"元浅草之家"
剖面详图（部分）【1：30】

墙面：清水混凝土，
刷防水涂料

横梁：清水混凝土，
刷防水涂料

压顶：25厚炻瓷砖

760

阳台

餐厅兼厨房

露台：20厚巴劳木，
刷木器漆

沥青防水卷材

楼板侧面和横梁贴上了有
孔砖削成的薄片，让外立
面仿佛由砖块连续堆砌而
成。隐藏多余的线条后，
立面变得更美观、明快。

天花板：清水混凝土，
刷防水涂料

墙面：清水混凝土，
刷防水涂料

天花板：12厚硅酸钙板，
刷乳胶漆

墙面：贴300×600瓷砖

墙面：砌无釉有孔炻瓷砖

百叶窗

浴室

阳台

横梁：清水混凝土，刷防水涂料

孔砖有一定的厚度，既通
风又遮视线。

地面：贴300×600瓷砖

露台：20厚巴劳木，刷木器漆

沥青防水卷材

盥洗／更衣室在浴室隔壁，
又与阳台相通。泡完澡可
以在阳台小憩。

鞋帽间

阳台底面：清水混凝土，刷防水涂料

1,100   300

浴室如同旅馆
偏屋的露天温泉

　　在有中庭的住宅，即中庭式住宅（court house）中，各空间分布在庭院周围。在一个舒适的角落，看到庭院对面的自家屋舍，也是一桩乐事。

　　在"经堂之家"的浴室，可以一边欣赏中庭露台的草木，一边泡澡。中庭对面是和室，用作多功能房。庭院深处，应季摆设装点着榻榻米空间。拉开通往庭院的障子，榻榻米空间就与庭院风景融为一体。置身于此，仿佛来到了别具风情的日式旅馆。

1. 一边泡澡，一边欣赏由中庭与和室构成的风景。浴室墙面用大理石马赛克和灰色哑光瓷砖贴面。
2. 从和室看中庭尽头的浴室。整个空间统一成现代日式风格。

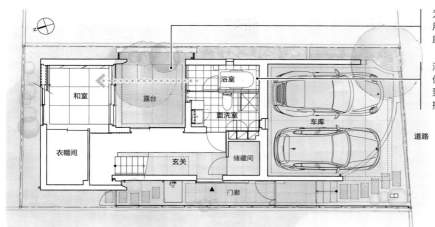

为了充分利用狭长的用地，此处设计了中庭。

浴室狭窄，呈长条形。但因为视野可以延伸到远处，不会感到压抑。

道路

和室

露台

浴室

盥洗室

车库

衣帽间

玄关

储藏间

门廊

看得见风景的狭长浴室

"经堂之家"

上：一层平面图【1:150】

下：剖面详图（部分）【1:60】

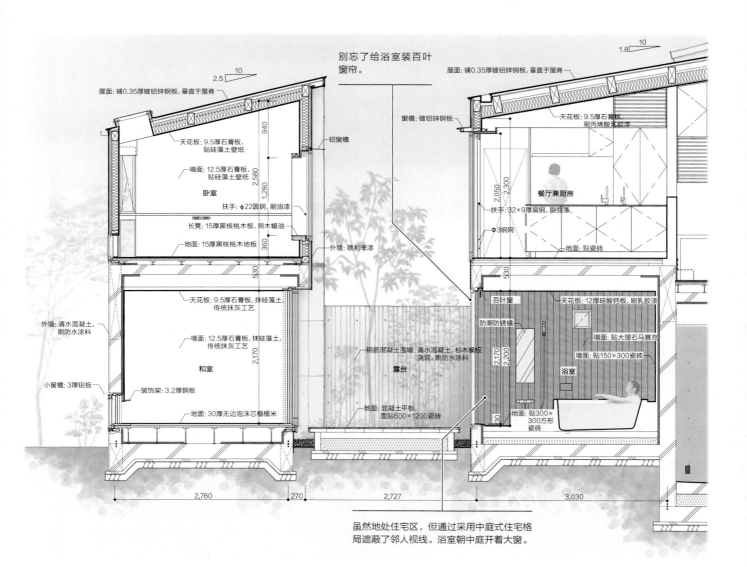

别忘了给浴室装百叶窗帘。

屋面：铺0.35厚镀铝锌钢板，垂直于屋脊

屋面：铺0.35厚镀铝锌钢板，垂直于屋脊

天花板：9.5厚石膏板，贴硅藻土壁纸

墙面：12.5厚石膏板，贴硅藻土壁纸

卧室

扶手：φ22圆钢，刷油漆

长凳：15厚黑核桃木板，刷木蜡油

地面：15厚黑核桃木地板

铝窗檐

外墙：喷利辛漆

窗檐：镀铝锌钢板

天花板：9.5厚石膏板，刷丙烯酸乳胶漆

餐厅兼厨房

扶手：32×9厚扁钢，刷油漆

φ3钢网

地面：贴瓷砖

百叶窗

天花板：12厚硅酸钙板，刷乳胶漆

防潮防锈镜

墙面：贴大理石马赛克

浴室

墙面：贴150×300瓷砖

天花板：9.5厚石膏板，抹硅藻土传统抹灰工艺

墙面：12.5厚石膏板，抹硅藻土传统抹灰工艺

和室

装饰架：3.2厚钢板

地面：30厚无边泡沫芯榻榻米

外墙：清水混凝土，刷防水涂料

小窗檐：3厚铝板

钢筋混凝土围墙：清水混凝土，杉木模板浇筑，刷防水涂料

露台

地面：混凝土平板，面贴600×1200瓷砖

地面：贴300×300方形瓷砖

2,760   270   2,727   3,030

虽然地处住宅区，但通过采用中庭式住宅格局遮蔽了邻人视线。浴室朝中庭开着大窗。

夹层浴室要留意外界视线

在错层式的住宅，格局要活用住宅内部的地面高差，同时也要注意和外界的高度差。

在"东村山之家"，从邻居家正巧能看到夹层里的浴室。因为想在浴室中设计窗户，为了遮挡外界视线，在窗外栽下紫竹，并用木板搭出了下沿镂空的高围墙。

浴室位于夹层中。除了映着绿植的接地矮窗，还有一扇小气窗。

在矮窗外设计绿植和围墙

"东村山之家"
上：夹层浴室周边平面图【1：80】
下：浴室剖面图【1：50】

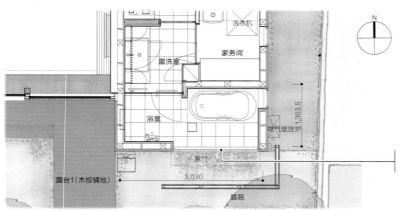

在狭长的浴室中开出长条形接地矮窗。

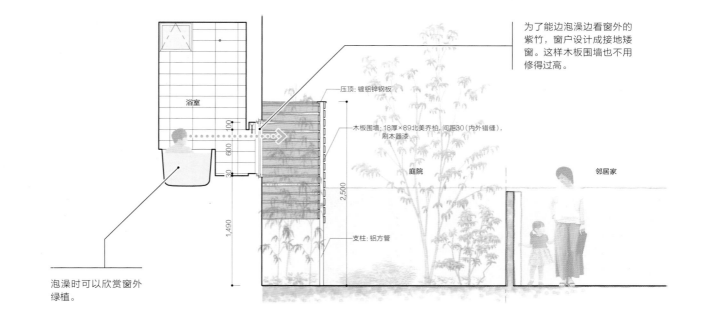

为了能边泡澡边看窗外的紫竹，窗户设计成接地矮窗。这样木板围墙也不用修得过高。

木板围墙：18厚×89北美乔柏，间距30（内外错缝），刷木器漆

支柱：铝方管

泡澡时可以欣赏窗外绿植。

打造舒适的盥洗室

　　盥洗室和更衣室每天都在使用，所以也是重要"居所"。在维持私密性的同时，应设计用于采光、换气的窗户。这样住户的视线不会受阻，还能看到窗外的植物和天空，也有利于保持清洁。当然也不能忘记取暖。如果使用电热毛巾架，不但能为室内供暖，还能加热出蓬松温暖的毛巾，让人心也变得暖洋洋。

　　好不容易打造出舒适的空间，如果毛巾、洗手液、肥皂等物品散乱一片，那就前功尽弃了。虽然盥洗室内最好也能储物，但如果空间不够，也可以在盥洗室前的走廊设计储物柜。

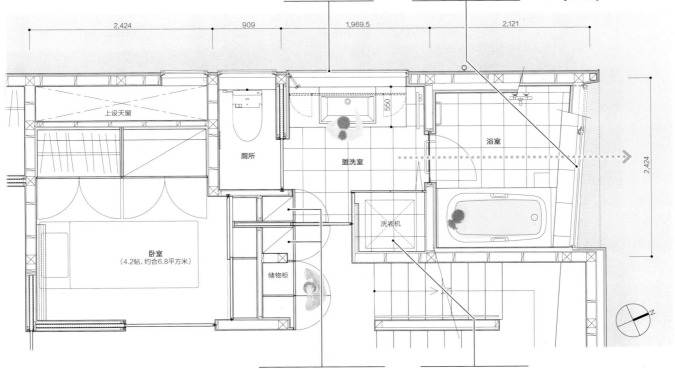

从盥洗室看浴室。因为地面和墙面贴着同种瓷砖，空间浑然一体，显得更宽敞。高窗把路边葱郁的榉树镶成如画风景。

在二层用水空间眺望榉树

"宇都宫之家"
二层用水空间平面详图
【1:50】

盥洗室、更衣室的窗户建在洗脸池镜子的上方。镜子内藏储物柜。

从面向道路的浴室窗户可以望见路边榉树。为了保持私密，窗户开在墙面上端。

2,424　909　1,969.5　2,121

上设天窗　厕所　盥洗室　浴室　550　2,424

卧室（4.2帖，约合6.8平方米）　洗衣机　储物柜

这排储物柜用于收纳洗衣液、毛巾、内衣等换洗衣物。利用走廊空间，确保能收纳足够多的物品。

由于洗衣机周围容易堆杂物，安装了折叠门遮挡视线。

用第二盥洗室方便家人

即使家庭成员只有三四人，早晨上班、上学前，盥洗室也会变得拥挤。住宅中盥洗室通常只有一间，如果增加一间会方便不少。

在"北千束之家"，除了一层的浴室和盥洗 / 更衣室，在二层卧室和儿童房前也设计了一处盥洗空间，即在厕所门口的洗手处安装了大水池，用来洗脸。这只是一处小小的改动，不会影响到整个格局设计。

盥洗空间位于二层楼梯间。右侧通往厕所。

主盥洗室在一层浴室旁。二层有四位家庭成员的卧室，在此设计了第二盥洗室。

小空间用屏障稍作隔断即可。这样不会阻碍视线，使用时也不会感到局促。

在半开放的空间，最怕东西四处散乱。为此备有收纳零碎物件的储物空间。

半开放的盥洗室

"北千束之家"
盥洗空间立面图【1 : 30】

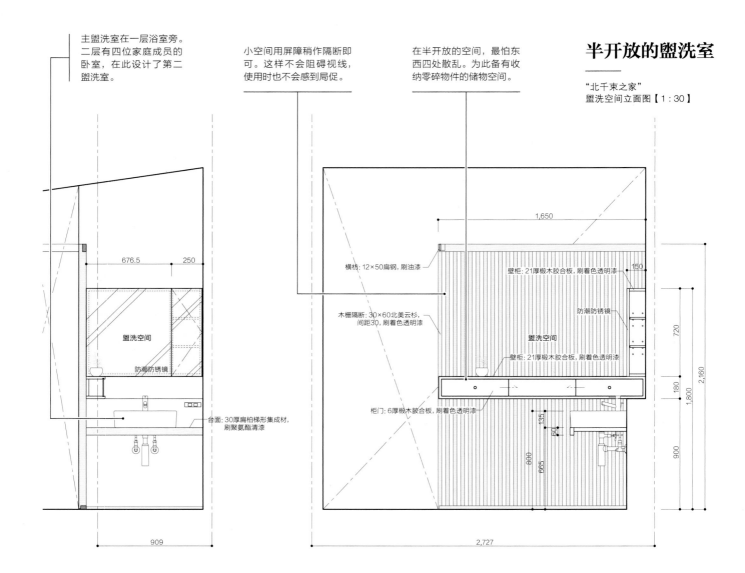

盥洗空间

防潮防锈镜

台面: 30厚扁柏梯形集成材，刷聚氨酯清漆

676.5　250

909

横枋: 12×50扁钢, 刷油漆

木栅隔断: 30×60北美云杉, 间距30, 刷着色透明漆

柜门: 6厚椴木胶合板, 刷着色透明漆

壁柜: 21厚椴木胶合板, 刷着色透明漆

壁柜: 21厚椴木胶合板, 刷着色透明漆

防潮防锈镜

盥洗空间

1,650　150

720

180

1,800

2,160

135

60

600

665

900

2,727

"L"形装饰架和壁柜合为一体，设计成凹间
博古架的式样，让空间更有格调。

让厕所也有格调

　　厕所显得零乱的原因之一是随处摆放厕纸和清扫
工具。只要收纳好替换用的厕纸，厕所就会整洁许多。
　　在"宇都宫之家"的厕所，装饰架上添置了厕纸
收纳柜。此外，还在坐便器后与墙之间加一面墙，隔
出空隙，用来收纳清洁用品。藏起储物空间，能给整
体氛围增添品位。

隐蔽的
厕所储物空间

"宇都宫之家"
左：一层厕所周边平面图【1：40】
右：厕所立面图【1：40】

墙背后可放置清洁工
具。

装饰架设计成"L"形，这样
坐在坐便器上时，正好面对架
上摆设。

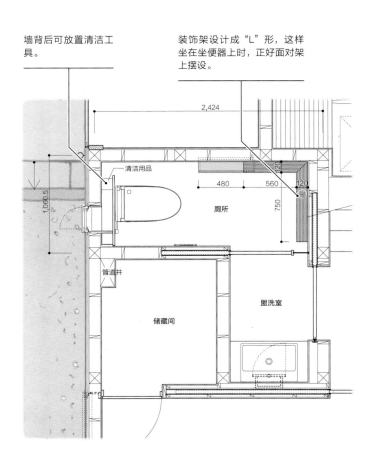

清洁用品

2,424

1,060.5

厕所

480 560 120

750

管道井

储藏间

盥洗室

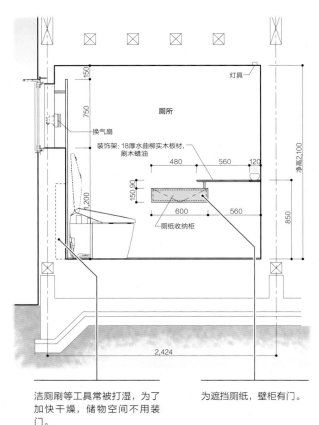

灯具

150

厕所

750

换气扇

装饰架：18厚水曲柳实木板材，
刷木蜡油

480 560 120

净高2,100

150.90

1,200

600 560

厕纸收纳柜

850

2,424

洁厕刷等工具常被打湿，为了
加快干燥，储物空间不用装
门。

为遮挡厕纸，壁柜有门。

照片：邻光之家

光

调节阴影

　　谷崎润一郎在《阴翳礼赞》中写道："最近我们似乎在电灯光中变得麻木，竟然没有觉察过度照明带来的不便。"他还提及："如今我们使用室内照明，已经不只是为了阅读、写字、做针线活，而是执着于不断消除各个角落的阴影。"这一观念与日本传统的住宅审美背道而驰。80多年前，为太过明亮的照明，谷崎曾发出如此感慨。和那时相比，现在的住宅到底变亮了多少呢？照度表示光的量，亮度表示人所感知的明亮程度。如果凝视高亮度的物体，眼睛就会适应其亮度，"感知到的亮度"就会变低，反而觉得周围变暗。这么想来，现代人对亮度的感知可能更加迟钝了。

　　现代住宅的照明，当然要考虑防盗、安全和节能。在此基础上还需要探讨在室内应该引入怎样的自然光，从而保持白天室内明亮，以及在需要照明的夜晚该采用何种灯具。

　　可以肯定的是，由于高亮度的物体会麻痹人对亮度的感知，所以设计时要注意，不要让这样的物体突然出现在眼前。比较稳妥的方法是夜晚尽量不让照明设备的光源进入视野。无论昼夜，"直射光"都是装点空间的宝贵光线，起关键作用。但用作基础照明的，应该是透过障子、袄门的柔和的"散射光"。重要的是，要让光在室内扩散开。此外，正因为有昏暗的角落，人的视线才会被吸引，让明亮的空间更显明亮。为了享受阴影的乐趣，住宅中也需要昏暗的地方。

第四章

昏暗的门前甬道恰到好处

即使开出好几扇窗，让室内亮堂堂，人也会习以为常，不觉得特别明亮。这就是所谓的"适应"。但是，如果反其道而行之，留出暗部，人就能更显著地感知亮部之亮。

建议门前甬道不但要有足够的长度，还应连同玄关一起，限制射进的光量。通过制造亮度对比，可以让人们从室外进来时感知室内的明亮。住宅入口如果笼罩着阴影，就能营造出幽深、寂静的氛围。

1. 这条甬道名为"内露地"。它只从脚边缝隙引入自然光，因此充满了阴影。草木的绿色向街道铺展，更让人感到空间之深邃。

2. 从正面看内露地的入口。甬道中的光线入口被压缩，让人心情平静，在甬道温和的引导下来到玄关。

这栋住宅建造在面积 17 坪（约合 56.2 平方米）的用地上。由于住宅与道路间没有多余空间，我们沿外墙修建了带屋顶的内露地，从而让门前甬道有足够的长度，并能在其中遮蔽光线和声音。

内露地隔绝了街道的喧嚣，弥漫着微光。它的寂静打动人心。

内露地使狭小用地曲折幽深

"内露地之家" 上：玄关周边平面详图【1:50】
下：内露地剖面详图【1:30】

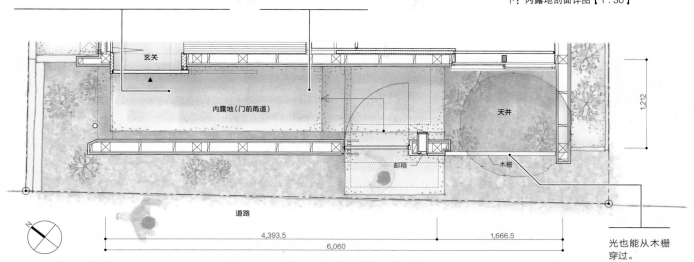

玄关
内露地（门前甬道）
天井
木栅
邮箱
道路
4,393.5
1,666.5
6,060
1,212
光也能从木栅穿过。

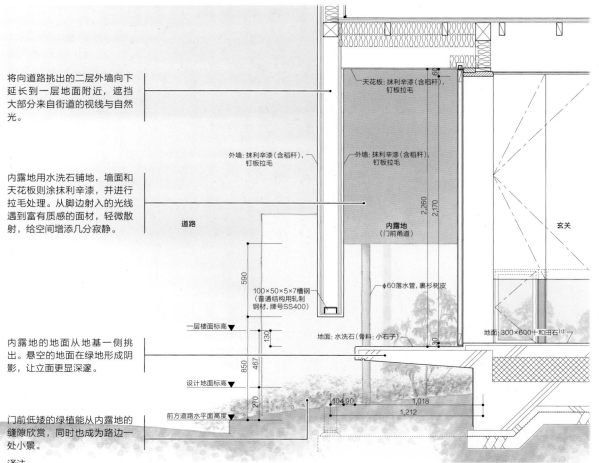

将向道路挑出的二层外墙向下延长到一层地面附近，遮挡大部分来自街道的视线与自然光。

内露地用水洗石铺地，墙面和天花板则涂抹利辛漆，并进行拉毛处理。从脚边射入的光线遇到富有质感的面材，轻微散射，给空间增添几分寂静。

内露地的地面从地基一侧挑出。悬空的地面在绿地形成阴影，让立面更显深邃。

门前低矮的绿植能从内露地的缝隙欣赏，同时也成为路边一处小景。

天花板：抹利辛漆（含稻秆），钉板拉毛
外墙：抹利辛漆（含稻秆），钉板拉毛
外墙：抹利辛漆（含稻秆），钉板拉毛
内露地（门前甬道）
玄关
道路
100×50×5×7槽钢（普通结构用轧制钢材，牌号SS400）
φ60落水管，裹杉树皮
地面：水洗石（骨料:小石子）
地面：300×600十和田石[1]
一层楼面标高
设计地面标高
前方道路水平面高度
2,260 2,170
590 130 850 467 270
104 90 1,018 1,212

译注：
[1] 十和田石：出产于日本秋田县大馆市的凝灰岩，含有二价铁，石料底色多为浅蓝色，上有孔雀绿纹样。由于能保温、保湿，常用作室内墙面装饰或瓷砖。

控制光线

　　茶室的氛围，与日常起居空间大相径庭。可以把茶室看作用土墙围起的数寄屋——后者由柱子和障子构成，视觉印象更为开敞。此外，茶室的形制可能也影响到内庭、通土间等町家建筑的结构。这些建筑形式都通过调节光线（阳光）的通过量，给人留下了深刻印象。

　　"绿荫环绕之家"的住宅用地十分狭小。住宅虽然位于街巷之中，但木板围墙轻轻围起小院，产生了沉静的光线与空间。另外，这道围墙也把影子落在门前甬道上，不让甬道过亮。而到了玄关，大部分光线被进一步遮挡，让习惯了明亮户外的双眼，能较快适应室内柔和安稳的亮光。

1. 玄关中有小天窗和接地矮窗。幽微的光线依次落在德国灰泥粉刷的墙面和用大谷石铺就的土间。
2. 门前甬道的台阶对面，露出围起小院的木板墙。

引入光
凝聚光

"绿荫环绕之家"
上：立面图【1:100】
下：住宅外部空间（部分）
　　【1:100】

木板围墙和建筑环绕着中庭，随处留有空隙，因此风和阳光来去自如。

屋面：铺0.35厚镀锌钢板，垂直于屋脊

10
2.0

10
2.5

外墙：抹利辛漆，钉板拉毛

外墙：抹利辛漆，钉板拉毛

外墙：12厚防火胶合板，表面平铺13厚杉木板，依次刷防火涂料、木蜡油

木板围墙：北美乔柏，刷木蜡油

上悬式推拉门：北美乔柏，刷木蜡油

拾级而上，墙壁内侧，右边依次是门廊和玄关。门廊在建筑环抱中，寂静而幽暗。

在短促的门前甬道中，用树木和建筑物的阴影减少光线进入。

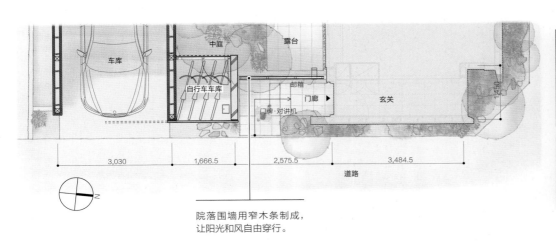

车库　中庭　露台
自行车车库
门牌·对讲机　邮箱　门廊　玄关
3,030　1,666.5　2,575.5　3,484.5
道路
N

院落围墙用窄木条制成，让阳光和风自由穿行。

从庭院看住宅内部。夜色中，住宅变了模样。被灯光点亮的屋内从黑暗中浮现，中庭树木的枝叶化作剪影。

幽暗中浮现
寂静的光

　　静谧安稳的光，不但让人心重归平静，还能感到温暖或清凉。要想让室内产生这样的"好光线"，首先需要"好阴影"。因为只有阴影才能烘托出静谧的光。

　　如今，日本人已经习惯了明亮的环境，对在室内保留暗处的做法或许会心存顾虑。这时，不妨分散布置小光源，保证房间整体所需的照度。根据时间段和心情自行调整照明，自然会感到没有必要让室内时刻保持最亮。优美的居所之中，光影往往和谐共存。

1. 从玄关看门厅。灯具照亮脚下，并引导家人和访客走进左侧餐厅。
2. 白天，玄关略显昏暗，凸显门厅尽头明亮的光线，吸引人们从玄关走进住宅深处。

光影交织的玄关

"Terrace & House"
一层照明分布图（部分）【1：75】

玄关尽头，明亮的餐厅迎接人们到来。
门口与住宅深处的照明设计形成对比。

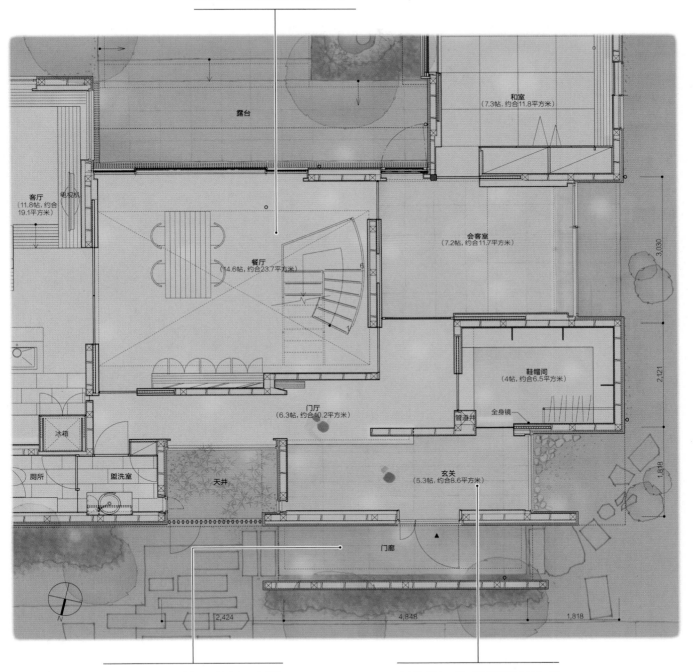

- 露台
- 和室（7.3帖，约合11.8平方米）
- 客厅（11.8帖，约合19.1平方米）
- 电视机
- 会客室（7.2帖，约合11.7平方米）
- 餐厅（14.6帖，约合23.7平方米）
- 鞋帽间（4帖，约合6.5平方米）
- 门厅（6.3帖，约合10.2平方米）
- 管道井
- 全身镜
- 冰箱
- 厕所
- 盥洗室
- 天井
- 玄关（5.3帖，约合8.6平方米）
- 门廊
- 2,424
- 4,848
- 1,818
- 3,030
- 2,121
- 1,818

门廊这一外部空间夹在两面墙之间，光线被
遮挡了大半。人们将在双眼适应这种昏暗
后，再打开玄关门。

玄关与门廊一样，照度设计得较低，只
安装了小小的局部照明，并在右侧壁下
缘埋设建筑化照明[1]。

译注：
[1] 建筑化照明：指将光源埋入天花板或墙壁，与建筑构造合为一体的照明方式。

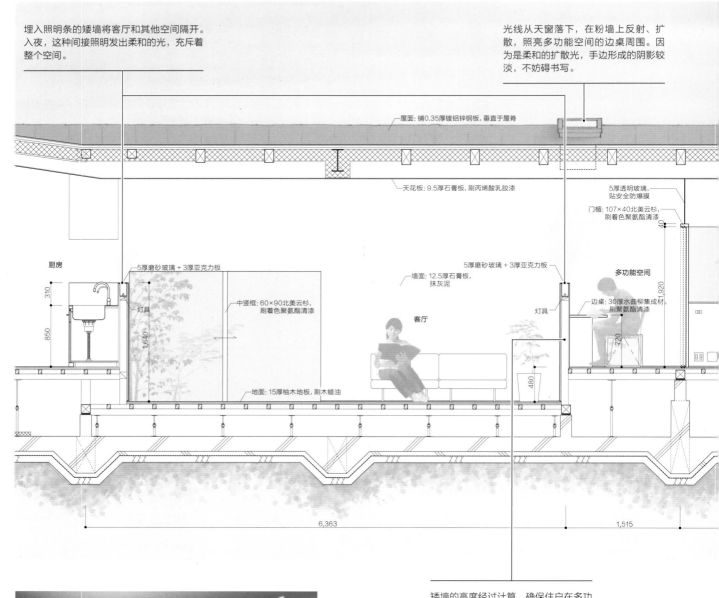

埋入照明条的矮墙将客厅和其他空间隔开。入夜，这种间接照明发出柔和的光，充斥着整个空间。

光线从天窗落下，在粉墙上反射、扩散，照亮多功能空间的边桌周围。因为是柔和的扩散光，手边形成的阴影较淡，不妨碍书写。

屋面：铺0.35厚镀铝锌钢板，垂直于屋脊

天花板：9.5厚石膏板，刷丙烯酸乳胶漆

5厚透明玻璃，贴安全防爆膜

门楣：107×40北美云杉，刷着色聚氨酯清漆

厨房

5厚磨砂玻璃＋3厚亚克力板

灯具

中竖框：60×90北美云杉，刷着色聚氨酯清漆

5厚磨砂玻璃＋3厚亚克力板

墙面：12.5厚石膏板，抹灰泥

客厅

灯具

多功能空间

边桌：30厚水曲柳集成材，刷聚氨酯清漆

地面：15厚柚木地板，刷木蜡油

310

850

1,640

720

1,920

480

40

6,363

1,515

矮墙的高度经过计算，确保住户在多功能空间学习时，客厅内其他人的活动不会进入视野。

从多功能空间俯视客厅。这里没有吸顶灯，而是在边桌前的腰壁埋设了朝向天花板的灯具。阅读时可在手边摆上台灯。

用散射光打造安适空间

无论昼夜，用散射光
铺垫基调

"one-story house"
上：客厅—儿童房立面图【1：50】
下：间接照明详图【1：10】

住宅中的光线由直射光和散射光构成。直射光是从太阳、灯具等光源直接发出的光线，散射光则是由墙面、地面反射而来的光线。设计房间照明时，应以散射光为主。建议将光源布置在人眼无法直接看到的隐蔽处，并让光线在地面、墙面和天花板上反射、扩散。

散射光的特征在于让物体轮廓更柔和。正因为散射光带来轻柔的阴影，奠定空间的基调，直射光——比如刹那从窗户洒进的阳光，还有照亮餐桌的吊灯——才能大显身手，让生活陡然散发悦目的光辉。

外墙：喷利辛漆

天花板：9.5厚石膏板，贴墙纸

墙面：12.5厚石膏板，贴墙纸

儿童房

1,920

地面：15厚柚木地板，刷木蜡油

3,636

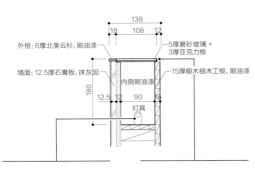

138
18 108 12
2.0 10

外框：6厚北美云杉，刷油漆
墙面：12.5厚石膏板，抹灰泥
5厚磨砂玻璃＋3厚亚克力板
15厚椴木细木工板，刷油漆
内侧刷油漆
180
12.5 12 90 15
灯具

为了让光充分扩散，盒内灯具和玻璃盖要留间距。

在玻璃盖上贴了一层乳白色亚克力薄板，用来微调光线的扩散程度。

光线从多功能空间上方的天窗落下，成为扩散光，在客厅中弥散。适量的阴影让空间更显寂静。

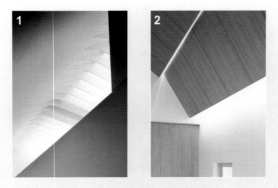

1. 客厅天窗。通过安装百叶窗，让光漫反射并扩散。
2. 打开卧室的可开闭天窗，光线就沿墙洒落。

在天花板斜坡最高处开出了条形天窗。光线或直接通过半透明百叶窗，或扩散于传统工艺抹灰的天花板及墙面，柔和地充满客厅。

安装卷帘，用以调节进入室内的光线。

光线经障子过滤，变得稀疏，将榻榻米空间笼罩在微光中。

面向中庭的窗上有檐，以遮挡直射阳光。只有经过瓷砖地反射、弱化的光线才能进入室内。

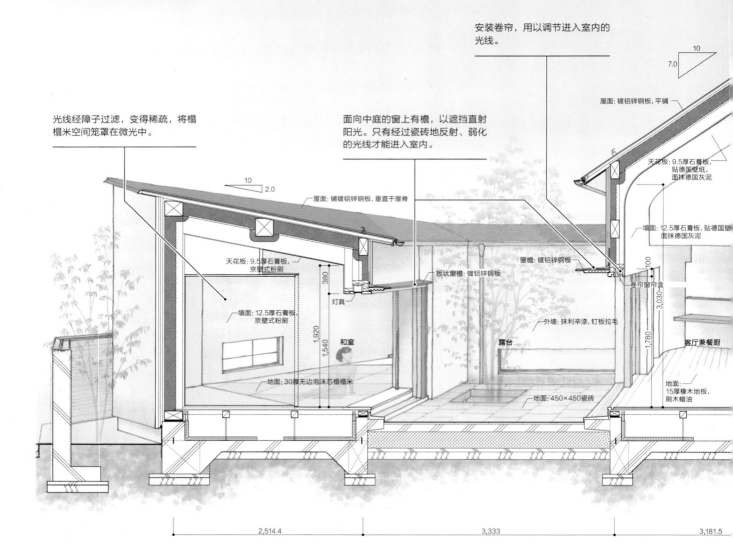

屋面: 镀铝锌钢板，平铺

天花板: 9.5厚石膏板，贴德国壁纸，面抹德国灰泥

10
7.0

屋面: 铺镀铝锌钢板，垂直于屋脊

天花板: 9.5厚石膏板，京壁式粉刷

墙面: 12.5厚石膏板，京壁式粉刷

墙面: 12.5厚石膏板，贴德国壁纸，面抹德国灰泥

窗檐: 镀铝锌钢板

板状窗檐: 镀铝锌钢板

灯具

卷帘窗帘盒

10
2.0

380
1,920
1,540

和室

外墙: 抹利辛漆，钉板拉毛

露台

客厅兼餐厨

100
3,030
1,780

地面: 30厚无边泡沫芯榻榻米

地面: 450×450瓷砖

地面: 15厚橡木地板，刷木蜡油

2,514.4

3,333

3,181.5

依傍光线
设计驻足之地

"邻光之家"
剖面透视图【1∶50】

推开可开闭天窗，光
线就会洒进卧室。

屋脊通风口

百叶窗: 7.5厚玻璃纤维复合纸板, 间距150

10
2.1

天花板: 9.5厚石膏板, 面贴6厚直
纹橡木饰面板

天花板: 9.5厚石膏板,
贴硅藻土壁纸

可开闭天窗

墙面: 12.5厚石膏板, 贴德国壁纸,
面抹德国灰泥

墙面: 12.5厚石膏板,
贴硅藻土壁纸

卧室

衣帽间

750

480

1,986

2,526

2,660

840

地面: 15厚橡木地板, 刷木蜡油

2,200

1,840

食品储藏间

6,170

2,580

500

▼最高高度

▼二层楼面标高

▼层楼面标高

▼设计地面标高

3,110.6

邻光而居

　　能感受到四季变化的住宅，是
舒心惬意的。窗边风景和洒入光线
的变化告诉我们时间的流逝。通过
窗檐、地面和墙壁的反射、扩散，
弱化夏日的强光，再由障子、窗帘
过滤，将其引入室内。

　　在"邻光之家"，窗边空间具备
调节日照的功能，让住户一年四季
都能静静享受安稳的光线。惬意的
窗边空间吸引家人聚拢而来，是大
家的钟爱之处。

天窗藏在玄关一角，聚拢光线，让光洒落在墙面。

向心光线为餐桌添人气

　　家人、宾朋聚首的进餐场所适合配置有向心力的光线。当然，也要尽量将菜肴映照得美味可口。

　　在"常盘之家"，餐厅在东北侧。此处设计了天窗，让清朗的晨光落在餐桌四周。整个白天，餐厅中充盈着经墙面、地面反射的散射光。夜晚，低悬于桌面附近的吊灯让餐桌焕发光彩。吊灯罩由乳白色玻璃制成，因此灯光能柔和地照亮天花板。在这里，没有在天花板安装均匀照亮房间的灯具。光线不但是建筑的关键部分，也是室内装潢最重要的元素，能给日常生活增添亮色。

天窗开在靠墙处。光线经墙面反射，照亮餐厅。天窗口位于北侧，光线稳定，让室内在白天保持合适的亮度。

昼夜都应设计适度照明

"常盘之家"
剖面详图（部分）
【1∶50】

为了让菜肴看起来更诱人，选用显色性好的灯泡。

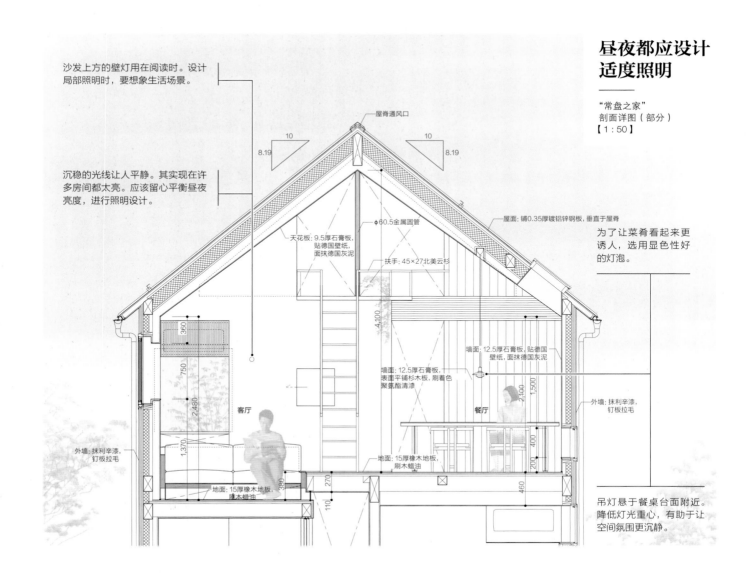

沙发上方的壁灯用在阅读时。设计局部照明时，要想象生活场景。

沉稳的光线让人平静。其实现在许多房间都太亮。应该留心平衡昼夜亮度，进行照明设计。

屋脊通风口

10

8.19

10

8.19

天花板：9.5厚石膏板，贴德国壁纸，面抹德国灰泥

φ60.5金属圆管

扶手：45×27北美云杉

屋面：铺0.35厚镀铝锌钢板，垂直于屋脊

4,100

墙面：12.5厚石膏板，表面平铺杉木板，刷着色聚氨酯清漆

墙面：12.5厚石膏板，贴德国壁纸，面抹德国灰泥

360

750

2,480

1,370

客厅

2,100

1,500

餐厅

外墙，抹利辛漆，钉板拉毛

外墙：抹利辛漆，钉板拉毛

地面：15厚橡木地板，刷木蜡油

地面：15厚橡木地板，刷木蜡油

400

200

270

110

380

460

吊灯悬于餐桌台面附近。降低灯光重心，有助于让空间氛围更沉静。

白天从天窗洒落的光线，夜晚重心低垂的吊灯散发的光芒，烘托出餐厅，让空间产生向心力。

用照明设计
装点生活

洒落在地面的树影与光斑、映照于天井墙壁的绿荫，随时间流逝不断变幻。在日常生活中，这样转瞬即逝、缥缈无常的风景惹人怜爱，给予我们心灵的慰藉与生活的力量。

"垂直露地之家"虽然建于狭小的用地，但人在其中，能随处感知柔和的光线，欣赏葱茏的草木。一些"形状难以捉摸的要素"能让生活更丰美。要如何把这些要素融入住宅？难以用平面图、剖面图体现的部分要如何塑造成形？这些都在考验设计师的能力。

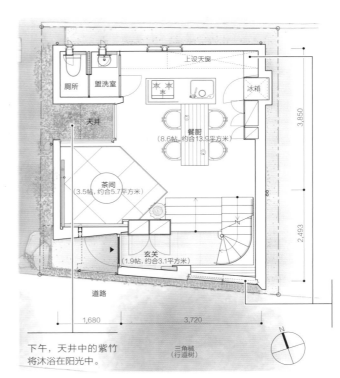

厕所　盥洗室

天井

上设天窗

冰箱

餐厨
(8.6帖，约合13.9平方米)

茶间
(3.5帖，约合5.7平方米)

N

玄关
(1.9帖，约合3.1平方米)

3,850

2,493

道路

1,680　　3,720

下午，天井中的紫竹
将沐浴在阳光中。

三角槭
(行道树)

N

让光
在家中嬉戏

"垂直露地之家"
一层平面图【1 : 100】

房间最深处开出天窗，进门后挑空的楼梯间旁设垂直大窗，有三层楼高。

1. 从玄关看餐厨。单间形式的整个楼层笼罩在沉稳的光线中。阳光穿过婆娑的树木，透过沿街的楼梯间窗户，落在地面上，形成斑驳的光影。从天窗洒下的光线让最里侧的厨房也变得明亮，丝毫不显闭塞。
2. 光线透过天窗，落在粉墙上，向室内扩散。

让光在多处汇聚

"之字形的家"
一层平面图【1:150】

在楼梯上方和走廊尽头分别设窗，让光聚拢在客厅深处。视线远端的亮光，不但能增加空间层次感，也能让人有所期待。

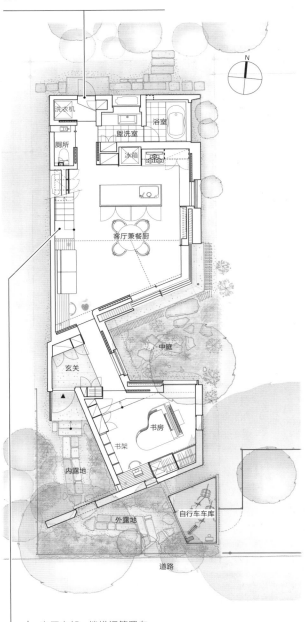

客厅内部、楼梯间笼罩在柔和的散射光之中。

沉稳的光线照亮房间深处

沿着前进的方向望去，如果远处是明亮的，人也会雀跃不已。

在"之字形的家"中，客厅兼餐厨是生活起居的中心。这里设有楼梯，梯段上方开出天窗，让自然光来到室内。天光在深深的阁楼空间漫反射，沿墙散开，柔和地照亮脚下。光影甚至也倾泻到客厅，并随着时间变化。家人围聚于此处时，想必也会为此情此景而心动。

从客厅看餐厨及楼梯，梯段上洒落一片光芒，令人无法移开视线。光线从近到远逐渐变亮，仿佛充满希望，人心也随之昂扬。

合理照明
让上下楼更方便

上下楼梯时，人们总希望脚边和前方够亮。相比一味照亮整个楼梯间，不如斟酌窗户和灯具的配置，避免行人自身的影子遮住前方台阶。

在"元浅草之家"，有一处双折平行楼梯三面被墙围住。这样的楼梯间容易令人压抑，但住宅在城市街区，不能随意在墙面上开窗。为此，墙边设窄而高的缝隙状窗户，让光线能穿过镂空楼梯向上、向下扩散。灯具只有楼梯平台墙上的小壁灯和楼梯上下两端的脚灯。这些光源，足以让人安全地上下楼梯。

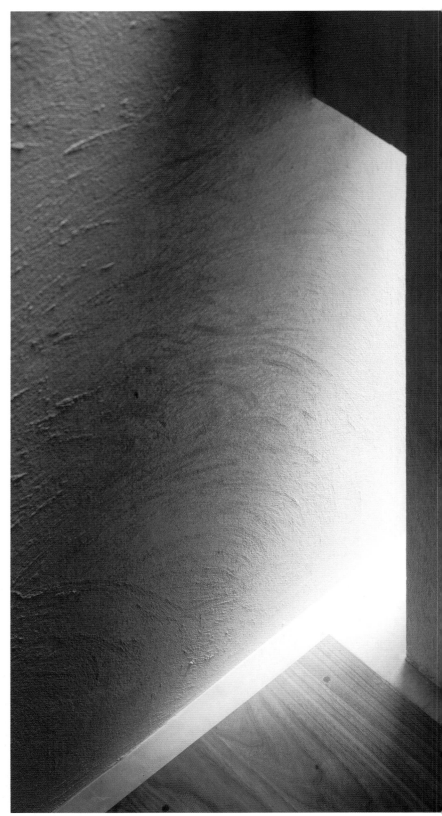

窗户不大，但足以让墙壁围堵的楼梯间不显闭塞。当然，无踢脚线的镂空楼梯和从楼上洒下的光线也令空间更通透。

设计舒适、方便的楼梯

"元浅草之家" 左：窄窗剖面详图【1∶7】
右：窄窗平面详图【1∶7】
下：楼梯周边平面图【1∶60】

从窗户洒进的阳光和灯光在粉墙和实木地板上反射、扩散，让空间更寂静、有温度。

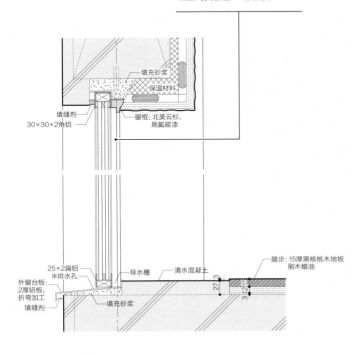

填充砂浆
保温材料
填缝剂
30×30×2角铝
窗框：北美云杉，刷氟碳漆

25×2扁铝
外窗台板：2厚铝板，折弯加工
填缝剂
※排水孔
导水槽
填充砂浆
清水混凝土
踏步：15厚黑核桃木地板刷木蜡油

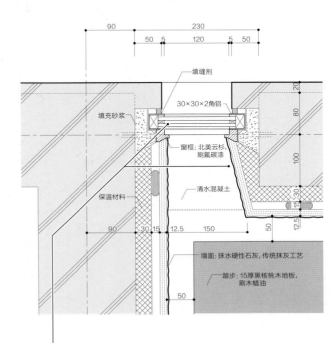

填缝剂
30×30×2角铝
窗框：北美云杉 刷氟碳漆
填充砂浆
保温材料
清水混凝土
墙面：抹水硬性石灰，传统抹灰工艺
踏步：15厚黑核桃木地板，刷木蜡油

90　230　50 5 120 5 50
20 80 100 30 12.5
90 30 15 12.5 150 50

光线在窄窗中聚拢，又扩散。让光穿透内侧墙角，就消除了前进方向被封堵的闭塞感。右侧墙略微倾斜相接，如同反光板，让光弥漫于楼梯间。

为了让楼梯上下方便，不但要让台阶的宽、高、进深恰到好处，还需要准确照明。

光线穿过窄窗，在粉墙上反射为柔和的散射光，照亮脚下的台阶。

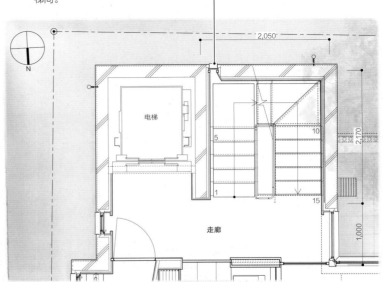

电梯
走廊
2,050
2,170
1,000

调暗灯光，尽享夜色

　　悠哉游哉眺望庭院的时光，令人无比幸福。如果给庭院装上灯具就能赏夜景，这样的设计让白天不在家的住户也能满意。不必让院子灯火通明，少许灯光点缀足矣。照亮庭院树木的灯具常以从高处射下的局部照明为主。不过，这栋平房的中庭很小，住户需要透过接近地面的横条窗赏景，所以高处只设一处灯光。此外，树木根部附近安装的灯具，提供最低限度的照明，让灯光经墙面反射能烘托草木枝叶。院中多留些暗部，也能多营造几分幽深。

　　室内的灯具可以调整亮度。只要稍稍调暗，就能淡化窗玻璃上的反光，凸显庭院夜景。

看向茶间外的庭院。茶间的主光源只有吊灯。左侧客厅设建筑化照明，此时比平日调暗了一些，便于观赏院中树木。

从客厅看中庭。夜深时，将室内光线调暗，灯光点缀下的中庭显现出别样风情。墙上落着树影，也能纾解人心。

庭院中主要树木是槭树、沙罗树和具柄
冬青。树木映着灯光，更彰显个性。

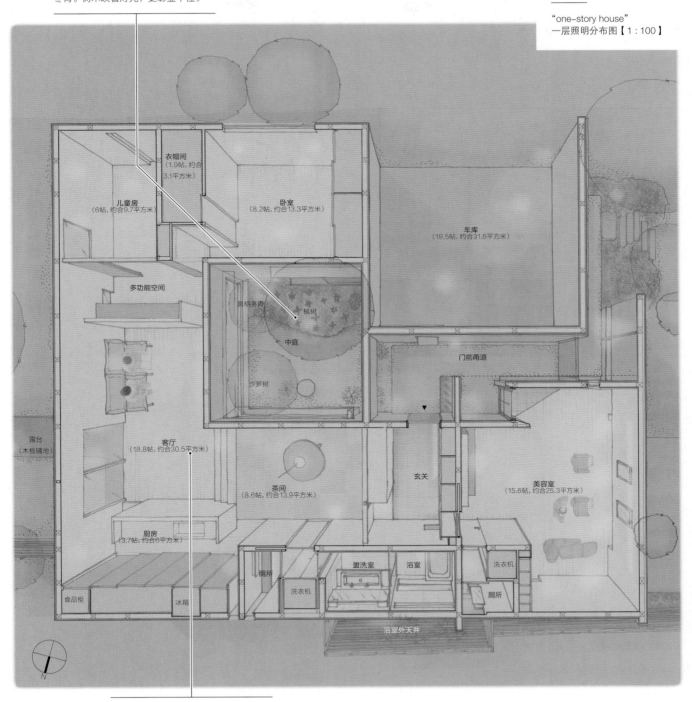

衣帽间
(1.9帖，约合
3.1平方米)

儿童房
(6帖，约合9.7平方米)

卧室
(8.2帖，约合13.3平方米)

车库
(19.5帖，约合31.6平方米)

多功能空间

具柄冬青

槭树

中庭

沙罗树

门前甬道

玄关

露台
(木板铺地)

客厅
(18.8帖，约合30.5平方米)

茶间
(8.6帖，约合13.9平方米)

美容室
(15.6帖，约合25.3平方米)

厨房
(3.7帖，约合6平方米)

食品柜

冰箱

厕所

洗衣机

盥洗室

浴室

洗衣机

厕所

浴室外天井

N

在室内多处安装小灯具，以确保亮度，
可根据个人喜好调节。

照片：垂直露地之家

细节

追求便利与舒适

设计物品、绘图时必须确定尺寸。但是，哪怕只是一张桌子或一处天花板的高度，都没有所谓"绝对的尺寸"。这种桌子高 68cm，摆在那栋住宅需要高 71cm，用于某场合则需要高 65cm……像这样，不仅要考虑使用者的身心特点以及动作，还要考虑物体的材料，特定空间、住宅、用地的大小，特定场所的光线等因素，推敲出分别适合各种情形的尺寸。换言之，确定最为匹配该场所的尺寸，也是设计的一部分。设计细节过程中，自然要考量构件的位置、尺寸、构造，此外更重要的是，要留意不同选择之间的细微差异。

松尾芭蕉曾吟俳句："凝神细看去，墙根开出荠菜花。"那不是人人都能察觉的明显变化。有些变化和差异，如果不仔细观察，就会错失。而这些细小的变化和差异，也是美的所在。悉心打造的细节能给予人慰藉。日本人所拥有的感性，自古以来曾细腻地表现出万千美好事物，拥有独特的力量，甚至能从十二单[1]层层叠叠的袖口中发现美。但是"近代"，所谓重视高效、实用与低廉，似乎抛弃了不符合这些尺度的琐碎细节。如今，人们曾认为局部之于整体，相当于零件之于机械。但在许多领域，人们发觉整体与局部并非只是主从关系。

人们常说，美是观赏者的主观感受。我们从四季轮回的大自然，从身边微小的变化中感受到喜悦。其中一定有一些局部触及我们的身体和感官。而"细节设计"的重点就在于，让局部的细小物件使用起来更舒心，且能简洁利落地融入整体。

译注：
[1] 十二单：日本宫廷贵族女子礼服的一种，在单衣之上依次叠穿多层夹衣，最后穿裳和唐衣。由于夹衣正、反面多使用不同色彩的布料，加之叠穿了多层服装，每个季节又有特定的颜色搭配，在袖口和领口处会形成多重色彩的组合。

第五章

立体组合多扇窗

门洞、窗洞的作用多种多样，包括采光、通风、瞭望等。无论室内室外，都应该将门窗设计在合适的位置。

在"宇都宫之家"的主卧，靠近邻居家的南侧和通向阳台的东侧分别开出了窗口。南侧的窗户用于通风，是小小的横条上悬窗。能推开的角度很小，窗扇是压花玻璃，所以不用顾及来自外部的视线。通往东侧阳台的落地窗映出了院中美景。阳台屋顶上则开出天窗，以免深深的屋檐遮蔽太多日光，让卧室过于昏暗。

从主卧看有屋顶的阳台。室内有大落地窗和小窗。半露天的阳台上、墙上、屋顶分别留有洞口。通过立体地设计各个洞口，白天就能向室内引入各种各样的自然光。

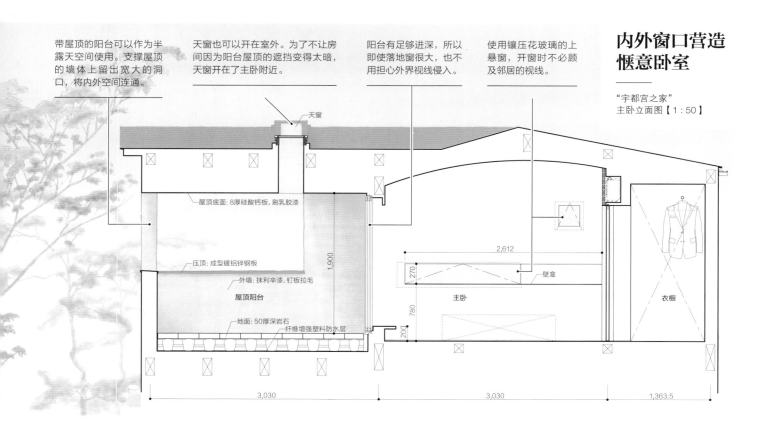

带屋顶的阳台可以作为半露天空间使用。支撑屋顶的墙体上留出宽大的洞口，将内外空间连通。

天窗也可以开在室外。为了不让房间因为阳台屋顶的遮挡变得太暗，天窗开在了主卧附近。

阳台有足够进深，所以即使落地窗很大，也不用担心外界视线侵入。

使用镶压花玻璃的上悬窗，开窗时不必顾及邻居的视线。

内外窗口营造惬意卧室

"宇都宫之家"
主卧立面图【1：50】

天窗
屋顶底面：8厚硅酸钙板，刷乳胶漆
压顶：成型镀铝锌钢板
外墙：抹利辛漆，钉板拉毛
屋顶阳台
地面：50厚深岩石
纤维增强塑料防水层
1,900
壁龛
主卧
衣橱
2,612
270
780
200
3,030
3,030
1,363.5

如同窄缝的室内窗

窗户不一定面向室外，也可以出现在隔断相邻房间的墙体上。而细节决定了室内窗能否融入整个设计氛围。

纵向狭长的平开窗，位于卧室。从阳台涌入的阳光和风由它送进相邻的客厅。虽然镶了木窗框，但从客厅看去，不过是一道长长的窄缝。这是因为从客厅一侧看不到窗户的边梃和边框。窗口一侧墙面去除棱角，做成曲面。从卧室透出的亮光在客厅墙面形成明暗渐变，呈现出温和的外观。

在客厅窗口一侧的墙面上，墙角处理为半径较大的圆角，形成大弧度。窗口两侧，一边墙面明显积聚阴影，另一边墙面上，亮光随着弧度一点点洒进客厅，形成鲜明对比。

气窗成为
客厅焦点

"稻毛之家"
上：窗口平面详图【1 : 6】
下：窗口剖面详图【1 : 6】

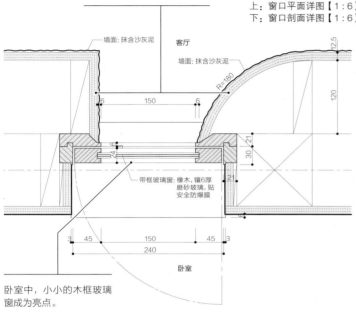

墙面：抹含沙灰泥

客厅

墙面：抹含沙灰泥

R=180

150

12.5

120

24.6

30 21

21

带框玻璃窗：橡木，镶6厚磨砂玻璃，贴安全防爆膜

3 45   150   45 3
240

卧室

卧室中，小小的木框玻璃窗成为亮点。

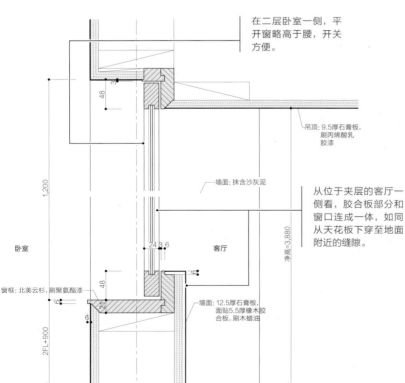

在二层卧室一侧，平开窗略高于腰，开关方便。

48

1,200

卧室

窗框：北美云杉，刷聚氨酯漆

2FL+900

楼层标高▼

24.6 3.6

48

6

吊顶：9.5厚石膏板，刷丙烯酸乳胶漆

墙面：抹含沙灰泥

客厅

净高=3,880

从位于夹层的客厅一侧看，胶合板部分和窗口连成一体，如同从天花板下穿至地面附近的缝隙。

墙面：12.5厚石膏板，面贴5.5厚橡木胶合板，刷木蜡油

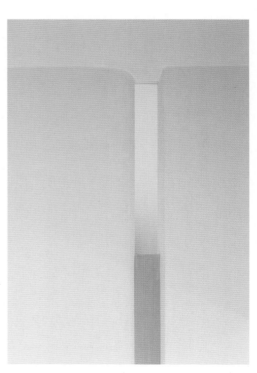

从客厅一侧看室内窗。不止边框，连窗扇边梃都藏在墙后，因此比起窗户，它更像一道缝隙。窗口与橡木胶合板部分一同成为客厅墙面的焦点。

找到开敞与封闭的平衡点

在设计小面积住宅时，绝不能让空间"过度开敞"。在看似需要窗的地方一味设计窗户，会因为窗户面积远大于墙面，而让人浮躁不安。关键在于，要推敲窗户的作用、面积和开关方式，尽量整合窗口，用一扇窗同时照亮通道和其他房间。设计时应让门窗洞口和墙面面积之比保持均衡。

在"绿荫环绕之家"的和室，设有一扇可爱的小窗，类似于窝身门。聚拢于窗口的光线给空间带来静谧感。窗外一方小天井，面积不到2坪（约合6.6平方米），但因为小窗框起了院中风景，在室内会感到院子比实际更开阔。

1. 从和室小窗能窥见的天井只有一小部分。仿佛能想象，天井在墙面遮起的部分的延伸。
2. 走出濡缘看天井。天井虽然有一定的进深，但宽度很窄。檐下空间充满大自然的气息，与和室小窗框起的景致相比，呈现出另一番韵味。

窗户不是
越大越好

"绿荫环绕之家"
剖面详图（部分）【1:50】

从二层浴室的窗户可以欣赏到天井中的树木。窗外有墙，用于遮挡视线。结合与这面墙的关系，可以得出窗户尺寸。窗口太大，则无法保证隐私；墙面太大，则无法确保院中日照。

阳光在濡缘反射后落在弧形天花板上，形成渐变的阴影。这里安静到让人忘记城市的喧嚣。

边长约90cm的小窗衔接天井与和室。人们也能从小窗跪着进出和室。

在窄小的濡缘，可以亲近自然，或悠然赏月。

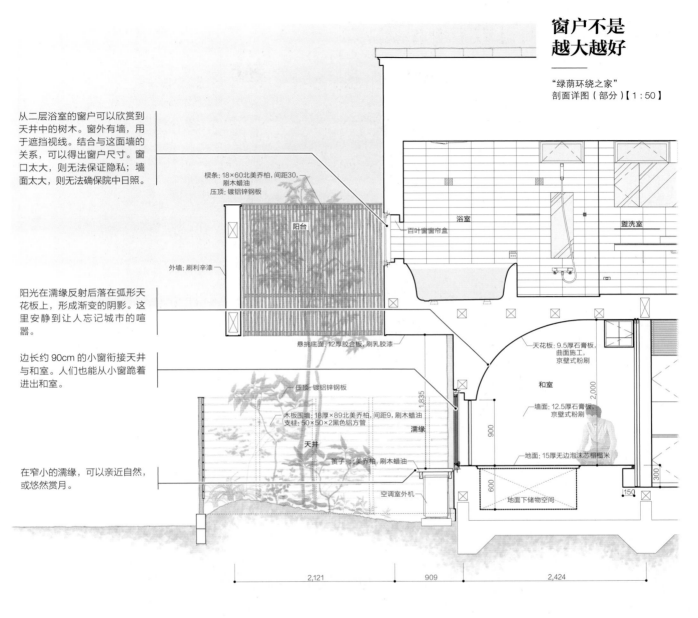

椽条：18×60北美乔柏，间距30，刷木蜡油
压顶：镀铝锌钢板
阳台
外墙：刷利辛漆
百叶窗窗帘盒
浴室
盥洗室
悬挑底面：12厚胶合板，刷乳胶漆
压顶：镀铝锌钢板
木板围墙：18厚×89北美乔柏，间距9，刷木蜡油
支柱：50×50×2黑色铝方管
天井
簧子：北美乔柏，刷木蜡油
濡缘
空调室外机
天花板：9.5厚石膏板，曲面施工，京壁式粉刷
和室
墙面：12.5厚石膏板，京壁式粉刷
地面：15厚无边泡沫芯榻榻米
地面下储物空间
1,835 900 600 2,000 300 150
2,121 909 2,424

精简窗口

"绿荫环绕之家"
一层和室周围平面图（部分）
【1:75】

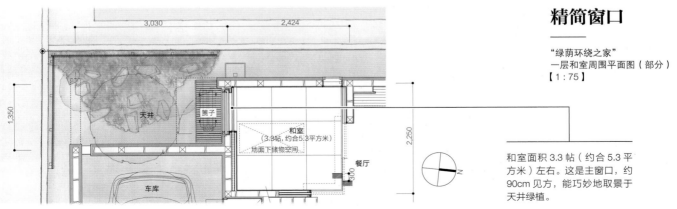

3,030 2,424 1,350 2,250 300
天井 簧子 和室（3.3帖，约合5.3平方米）地面下储物空间 餐厅 车库

和室面积3.3帖（约合5.3平方米）左右。这是主窗口，约90cm见方，能巧妙地取景于天井绿植。

高窗唤来绿意和阳光

　　想在靠道路一侧设窗，但又不想暴露在行人的视线中……这时不妨让高窗（开在墙面高处的窗户）和接地矮窗大显身手。

　　在"宇都宫之家"，从茶间挑空处的高窗能望见路边郁郁葱葱的榉树。窗前修窄道，所以不会因为窗户太高而难以清洁。夜晚，窄道中照明条发出的光，在天花板和粉墙扩散，温和地照亮室内。

茶间挑空部分的高窗。窗前窄道的扶手设计得纤细简约，以便融入整个空间。

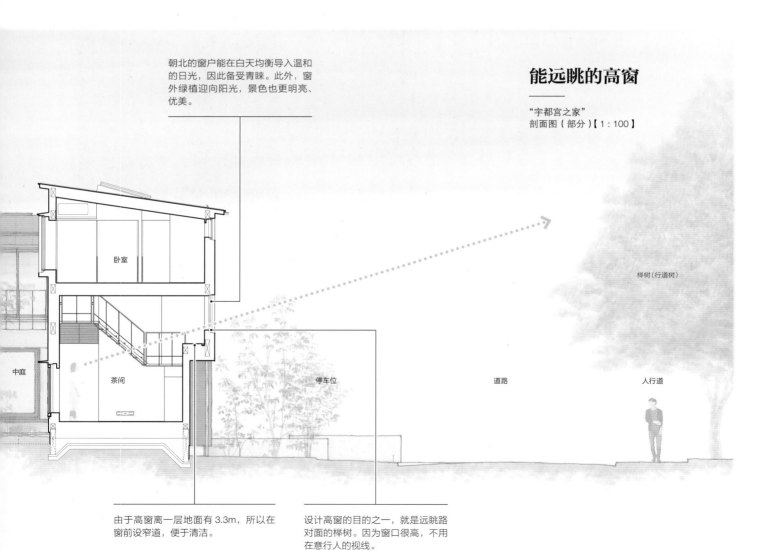

朝北的窗户能在白天均衡导入温和的日光，因此备受青睐。此外，窗外绿植迎向阳光，景色也更明亮、优美。

能远眺的高窗

"宇都宫之家"
剖面图（部分）【1：100】

卧室

中庭

茶间

停车位

道路

人行道

榉树（行道树）

由于高窗离一层地面有 3.3m，所以在窗前设窄道，便于清洁。

设计高窗的目的之一，就是远眺路对面的榉树。因为窗口很高，不用在意行人的视线。

用地北侧的道路一侧栽着榉树，高窗则将这片风景请进宅中。窗户如同画框，截取一方葱茏的绿意。

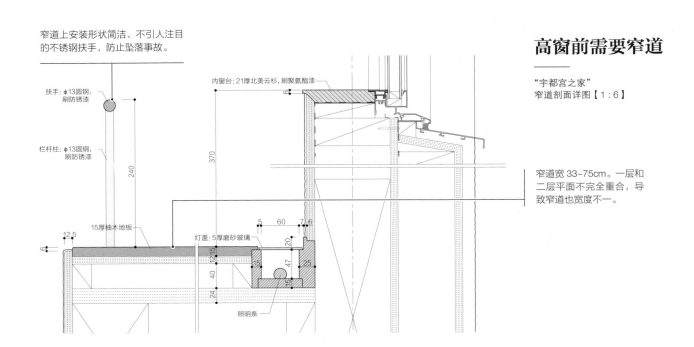

窄道上安装形状简洁、不引人注目的不锈钢扶手，防止坠落事故。

扶手: φ13圆钢，刷防锈漆

栏杆柱: φ13圆钢，刷防锈漆

240

15厚柚木地板

12.5

6

内窗台: 21厚北美云杉，刷聚氨酯漆

370

灯盖: 5厚磨砂玻璃

5 60 7.6

12 15

20

40 15 47 25

24

照明条

高窗前需要窄道

"宇都宫之家"
窄道剖面详图【1:6】

窄道宽 33~75cm。一层和二层平面不完全重合，导致窄道也宽度不一。

小窗更要精心设计

　　有些人在足够暗的环境中，才能好好入睡——此时卧室的遮光显得尤为重要。

　　在"之字形的家"的二层，和室用作卧室。大落地窗外安装了防雨门，除了防盗，还用来遮光。为了弱化白天的阳光，障子也必不可少。此外，东侧小小的上悬窗上，为了遮光，安装了袄窗。为了不让灵巧的小窗变得臃肿，袄窗与障子连成了一体，嵌入同一条轨道。调节光线时，也只需推拉这一扇窗。寂静的日式空间与巧妙而低调的配件、动作相得益彰。

1. 想遮光，就把袄窗部分推到窗口。
2. 想通风换气，就把整扇窗推至右侧。

遮光、调光只需一扇窗

"之字形的家"
和室立面图【1 : 50】

小窗应当简洁。此处，为了不让窗户上下边框显得臃肿繁杂，将袄窗和障子连成一扇。

南边露台与房间通过落地窗相连。将落地窗的防雨门、纱门、带框玻璃门这三层都推进门套，把室内一侧的障子也推进墙中，和室就向露台完全敞开了。

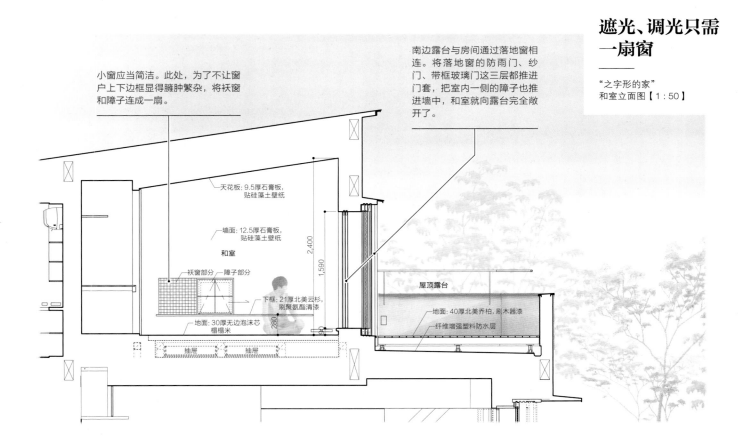

天花板：9.5厚石膏板，贴硅藻土壁纸

墙面：12.5厚石膏板，贴硅藻土壁纸

和室

袄窗部分　障子部分

下框：21厚北美云杉，刷聚氨酯清漆

地面：30厚无边泡沫芯榻榻米

2,400

1,590

280

屋顶露台

地面：40厚北美乔柏，刷木器漆

纤维增强塑料防水层

抽屉　抽屉

下框比窗户下缘更长，像一道搁架。方格纹样的祆窗与障子
相连。图中，障子被推到窗口前。由于暴晒会损坏榻榻米，
所以障子是和室的必需品。

单侧推拉、附带祆窗的障子

"之字形的家"
上悬窗周边详图
（左：剖面、右：平面）【1：20】

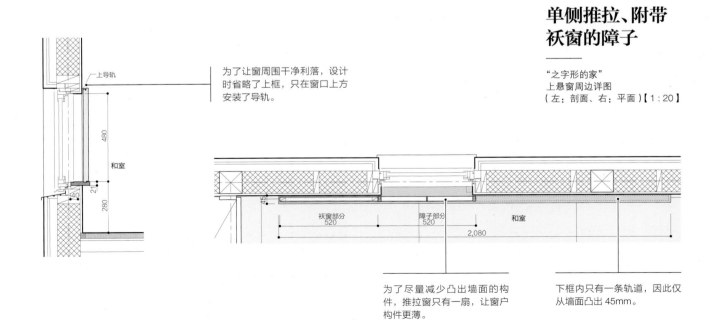

为了让窗周围干净利落，设计
时省略了上框，只在窗口上方
安装了导轨。

上导轨

480

和室

21

280

祆窗部分
520

障子部分
520

和室

2,080

45

为了尽量减少凸出墙面的构
件，推拉窗只有一扇，让窗户
构件更薄。

下框内只有一条轨道，因此仅
从墙面凸出 45mm。

从玄关门开始款待宾朋

住宅会进入很多人的视野，也会触动他们的心。因此选择材料时，不但要考虑性能，质感也不容忽视。当然，手脚能直接触及的材料，还要考察软硬、冷暖等触感。

在"元浅草之家"，为了给玄关处的钢制门增添风情，采用了仿铁锈涂饰。为了防止铁锈蹭脏衣服，表面罩有透明漆。门把必须能让人抓稳。此处，便于抓握的椭圆钢管被制成长长的拉手。为了开关门时握着更顺手，钢管的焊接角度经过仔细研究。手握处卷着皮绳，所以冬天握门把时不会冻到。

玄关门廊位于住宅正面底层深处。仿铁锈处理的钢制门边是北美乔柏贴面的外墙，二者的组合十分自然。长约2m的钢管，看上去不像门拉手，显得气度不凡。

手感舒适的玄关门

"元浅草之家"
玄关门部分平面详图【1:3】

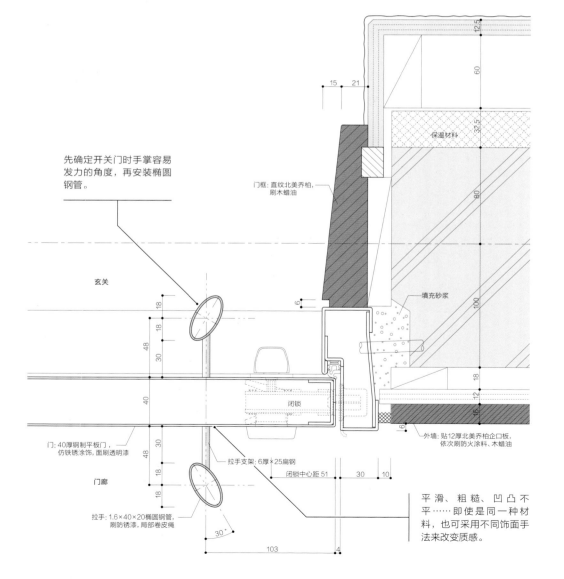

先确定开关门时手掌容易发力的角度，再安装椭圆钢管。

门框：直纹北美乔柏，刷木蜡油

保温材料

填充砂浆

玄关

门：40厚钢制平板门，仿铁锈涂饰，面刷透明漆

闭锁

门廊

拉手支架：6厚×25扁钢

闭锁中心距51

拉手：1.6×40×20椭圆钢管，刷防锈漆，局部卷皮绳

外墙：贴12厚北美乔柏企口板，依次刷防火涂料、木蜡油

平滑、粗糙、凹凸不平……即使是同一种材料，也可采用不同饰面手法来改变质感。

在门拉手抓握处卷上0.6cm宽的皮绳，以改善其冷硬的触感。

1. 盥洗室的门位于厨房一侧。墙上留出窄缝。观察内侧点灯与否，就可以判断出室内有没有人。墙壁饰面材料和门相同，从而让门更隐形。
2. 把手嵌在厚达4.8cm平开门中。

别让盥洗室门太招摇

门把手明明白白地宣示门的所在，其实十分扎眼。在"垂直露地之家"，盥洗室毗邻餐厨，它的门就在餐桌一侧，所以精心设计、安装了简练、悦目的把手。把手由细钢棍和扁钢组成，嵌在夹板门中，因此整扇门显得干净利落。

简洁的
嵌入式把手

"垂直露地之家"
门把手详图【1:2】

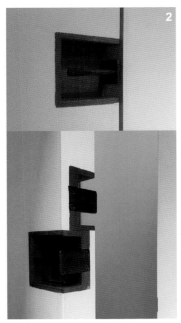

把手是嵌在门板中的，不会凸出，因此适合狭窄空间。

门扇侧面板
48 10 14 24
樱桃木
3厚扁钢
6 58 φ6成型圆钢
64

把手由细钢棍和扁钢组成。门凹槽部分采用了樱桃木实木板。

10 38
64
24 14 10
48
64 52

64 6 58
64 52 6
6
φ6成型圆钢
6
距楼面标高840

用简约楣窗串联空间

　　门楣、窗户及出入口上方开出的洞口叫作楣窗。有些楣窗镶有棂条或镂雕用作装饰。楣窗本身也利于采光和通风。它能连起相邻空间，让人感知隔壁空间的动静。这样的楣窗想必能融入现代居住空间。

　　"垂直露地之家"占地面积仅 9 坪（约合 29.8 平方米），主卧面积只有 5.4 帖（约合 8.7 平方米）。隔断设计成障子，上方留出楣窗。因为视线能延伸到楼梯间窗外，所以即便拉拢障子，也不会感到狭窄。楣窗和障子造型简洁——楣窗不镶嵌任何构件，完全留空；细长的门楣悬于半空，障子的棂条骨架组成现代风格的式样。这样的设计和西式房间也能自然衔接。

从带楣窗的障子能看到门后的楼梯间，
甚至能望见窗外风景。狭小空间多了几
分幽深。

楣窗让空间勾连、延伸

"垂直露地之家"
二层平面详图【1:60】

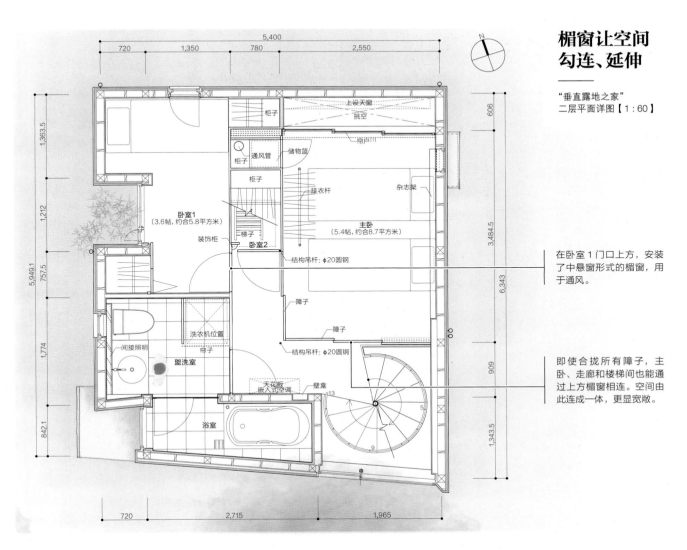

平面图标注：

5,400
720 / 1,350 / 780 / 2,550

1,363.5
1,212
5,949.1
757.5
1,774
842.1

606
3,484.5
6,343
909
1,343.5

720 / 2,715 / 1,965

N

柜子
上设天窗
挑空
帘芦门

柜子
通风管
储物篮
柜子
挂衣杆
杂志架

卧室1
（3.6帖，约合5.8平方米）
装饰柜
卧室2
主卧
（5.4帖，约合8.7平方米）
梯子
结构吊杆：φ20圆钢
障子

洗衣机位置
帘子
障子
结构吊杆：φ20圆钢

间接照明
盥洗室

天花板
嵌入式空调
壁龛
浴室

在卧室1门口上方，安装了中悬窗形式的楣窗，用于通风。

即使合拢所有障子，主卧、走廊和楼梯间也能通过上方楣窗相连。空间由此连成一体，更显宽敞。

从古寺获取灵感

京都高山寺的石水院建于日本镰仓时代（1185—1333）。开敞的楣窗中，蟆股[2]成为视觉焦点。

高山寺·石水院（京都）

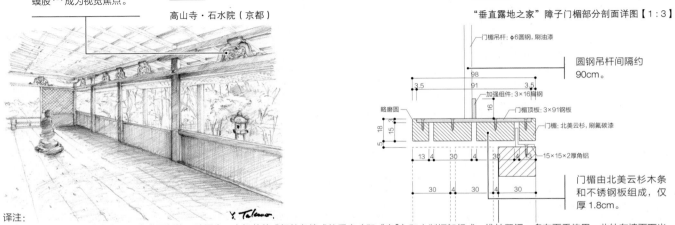

Y. Takano.

打造现代风格的楣窗

"垂直露地之家"障子门楣部分剖面详图【1:3】

门楣吊杆：φ6圆钢，刷油漆
圆钢吊杆间隔约90cm。

98
3.5 / 91 / 3.5
加强组件：3×16扁钢
16
门楣顶板：3×91钢板
门楣：北美云杉，刷氟碳漆
略磨圆
18 / 15
5
13 / 4 / 30 / 4 / 30 / 4
15×15×2厚角铝
30 / 4 / 30 / 4 / 30

门楣由北美云杉木条和不锈钢板组成，仅厚1.8cm。

译注：
[1] 帘户：传统日式住宅中用于室内隔断的一种隔扇，由细芦苇或细竹条编成的垂帘（即"帘"）和木制框架组成，推拉开闭，多在夏季使用。此处在墙面下半段做成三扇接地矮窗。
[2] 蟆股：在日本传统木构架建筑中，位于两个平行构件之间用于承接荷重的构件，相当于我国木构架建筑中的隔架科斗拱。由于形状向下方开口，像蟆蛤的两条后腿，故称。从平安时代后期起，装饰作用越来越强，内部出现繁复的镂空雕花。

楼梯应该好看又好用

"椅子上空无一人的时间也很长。我们当然应该设计舒适的椅子，但椅子无人使用时也是室内空间的一部分，一直处于人们的视野中，所以在设计时也要记得它时刻被人凝视。也就是说，要精心设计造型，使得椅子即便没有'坐'的功能，也能让人想摆在屋中。"

这是我大学时的恩师、造型艺术家小野襄老师的教诲。我将这段话铭记于心，认为它也适用于生活中所有物件。比如客厅一角的楼梯。住户一家总能看到它，他们的心绪也会以某种形式受其影响。除了要让楼梯便于上下通行，设计时还必须时刻考察，楼梯的设计是否无声美化了居住空间。

楼梯为钢结构，没有踢脚板，显得优美轻盈。为了使其足够坚牢，组合了扁钢、圆钢等构件。

迷人的钢结构楼梯

"宇都宫之家"
左：楼梯详图【1:20】
右：二层平面图（部分）【1:80】

双折平行楼梯的中央夹了一面墙，因此从客厅只能看到一侧楼梯段。

栏杆柱：φ6圆钢
横杆：φ6圆钢
栏杆柱：φ19圆钢
扶手：φ19圆钢
连接件：30×6厚钢板
斜梁：60×12厚钢板
连接件：φ6圆钢
底侧横杆：φ19圆钢
尖端磨圆

240
191.7
60 100

正因为有墙支撑楼梯的单侧斜梁及平台两边，楼梯才能设计得如此细瘦而利落。

厕所　盥洗室　浴室
洗衣机
走廊
阳台
挑空（下方为客厅）
中庭
挑空
高窗前窄道
6,060
4,090.5

从客厅看到的楼梯，只有平台以上的6级台阶，它们和谐地融入周围空间。平台下方里侧藏着办公区域，灯光溢出，洒进客厅。

满足功能和审美的双构造楼梯

　　楼梯不一定和住宅结构完全相同。打造楼梯，应该综合考虑功能、外观和成本，选择分别适合每栋住宅的结构与材料。当然，也可以组合多种结构。

　　"元浅草之家"为钢筋混凝土结构，但楼梯部分结合了钢筋混凝土结构和钢结构。为了增强楼面刚度，双折平行楼梯的半部为钢筋混凝土结构。另一半设计成钢结构镂空楼梯，从而让楼层间能互相传递生活气息和光线。为了上下楼梯时构造的转折不显突兀，手脚能接触到的踏步和扶手都采用了相同的材料和形状。

钢筋混凝土×钢结构双折楼梯

"元浅草之家"
上：楼梯周边平面图【1∶60】
下：楼梯部分剖面详图【1∶6】

双折楼梯的半部（升降电梯一侧）为钢筋混凝土结构，连接起楼面、墙面，以确保楼面稳固。另一半为钢结构，使用纤薄的材料，不设踢脚线。

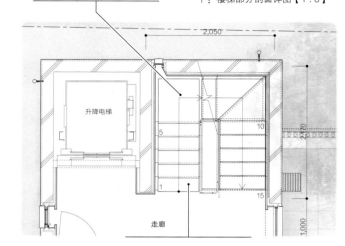

楼梯挨着家用电梯间，因此需要在楼梯间加固楼面。

楼梯混搭了钢筋混凝土结构和钢结构，照片右侧为镂空部分。楼梯扶手、栏杆全由钢材制成。

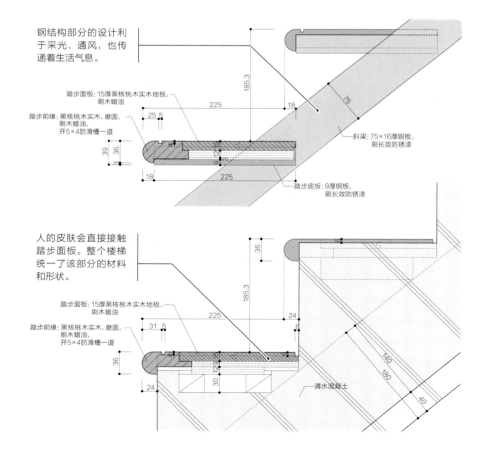

钢结构部分的设计利于采光、通风，也传递着生活气息。

踏步面板：15厚黑核桃木实木地板，刷木蜡油
踏步前缘：黑核桃木实木，磨圆，刷木蜡油，开5×4防滑槽一道
斜梁：75×16厚钢板，刷长效防锈漆
踏步底板：9厚钢板，刷长效防锈漆

人的皮肤会直接接触踏步面板。整个楼梯统一了该部分的材料和形状。

踏步面板：15厚黑核桃木实木地板，刷木蜡油
踏步前缘：黑核桃木实木，磨圆，刷木蜡油，开5×4防滑槽一道
清水混凝土

简洁出众的钢结构楼梯

建在客厅和餐厅中的楼梯，不但要方便上下，还必须自然地成为整个空间的一部分。

在"邻光之家"，客厅兼餐厅面积约为14帖（约合22.7平方米），墙边的钢结构镂空楼梯与客厅空间浑然一体。楼梯虽然看似纤细轻盈，但构件具有足够的厚度，关键部位也进行了加固，确保了上下楼安全。

圆形餐桌背后是简洁的钢结构楼梯，通往二层。楼梯镂空，构件外观轻薄，因此楼上的光线能洒进客厅。

镂空楼梯融入客厅空间

"邻光之家"
楼梯部分详图【1:6】

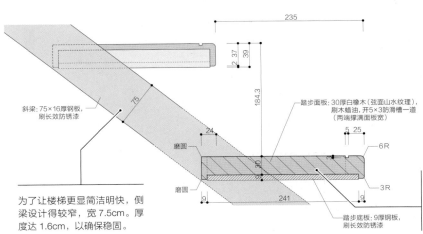

235

2 37 | 39

184.3

75

斜梁:75×16厚钢板，
刷长效防锈漆

24

磨圆

磨圆

9

241

30

5 25

踏步面板:30厚白橡木（弦面山水纹理），
刷木蜡油，开5×3防滑槽一道
（两端撑满面板宽）

6R

3R

9

踏步底板:9厚钢板，
刷长效防锈漆

为了让楼梯更显简洁明快，侧梁设计得较窄，宽7.5cm。厚度达1.6cm，以确保稳固。

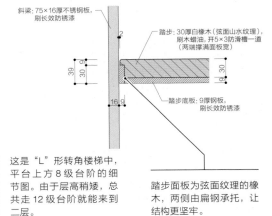

斜梁:75×16厚不锈钢板，
刷长效防锈漆

2

39 | 30.9

16.9

踏步面板:30厚白橡木（弦面山水纹理），
刷木蜡油，开5×3防滑槽一道
（两端撑满面板宽）

9 | 30

踏步底板:9厚钢板，
刷长效防锈漆

这是"L"形转角楼梯中，平台上方8级台阶的细节图。由于层高稍矮，总共走12级台阶就能来到二层。

踏步面板为弦面纹理的橡木，两侧由扁钢承托，让结构更坚牢。

简约家具衬托光影之美

家具对室内视觉效果影响很大。定制固定家具，让家具融入建筑整体，可能会显得更和谐。

在"之字形的家"，从天窗洒落的柔和光线让客厅变幻多姿。为烘托这种光影效果，室内装潢必须营造出寂静沉稳的氛围。因此根据业主要求，将沙发、书桌以及大小储物柜定制为固定家具，并在墙面、楼面留出大块空白地带。墙边、楼梯踏步之下不但有储物空间，最底层的踏步面板还进一步延伸、转折，勾勒出沙发和书桌的形状。此处设计力求让家具自身的功能更隐蔽。

楼梯下储物柜的外观令人乍一眼看不出功能。为此需要仔细推敲柜门与周围部件的关系和饰面材料。

从楼梯上方天窗洒下的光线，将客厅的白墙映衬得分外明亮。墙边的家具都是定制的。书桌、沙发和储物柜仿佛和楼梯连成一串。

从楼梯到书桌的
一体化设计

"之字形的家"
客厅兼餐厨立面图【1:50】

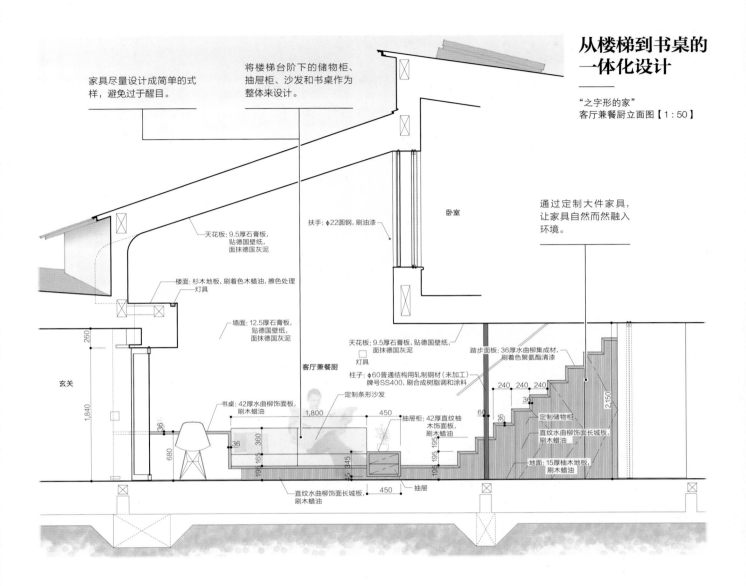

家具尽量设计成简单的式样，避免过于醒目。

将楼梯台阶下的储物柜、抽屉柜、沙发和书桌作为整体来设计。

通过定制大件家具，让家具自然而然融入环境。

天花板: 9.5厚石膏板，贴德国壁纸，面抹德国灰泥

扶手: φ22圆钢，刷油漆

卧室

楼面: 杉木地板，刷着色木蜡油，擦色处理
灯具

墙面: 12.5厚石膏板，贴德国壁纸，面抹德国灰泥

客厅兼餐厨

天花板: 9.5厚石膏板，贴德国壁纸，面抹德国灰泥
灯具

柱子: φ60普通结构用轧制钢材（未加工）牌号SS400，刷合成树脂调和涂料

踏步面板: 36厚水曲柳集成材，刷着色聚氨酯清漆

玄关

书桌: 42厚水曲柳饰面板，刷木蜡油

定制条形沙发

抽屉柜: 42厚直纹柚木饰面板，刷木蜡油

定制储物柜
直纹水曲柳饰面长城板，刷木蜡油

地面: 15厚柚木地板，刷木蜡油

直纹水曲柳饰面长城板，刷木蜡油

抽屉

260
1,840
36
680
360
36
195 165
1,800
450
345
195 195
450
240 240 240
36
60
2,150

墙边家具
实分四件

"之字形的家"
客厅兼餐厨平面图（部分）
【1:50】

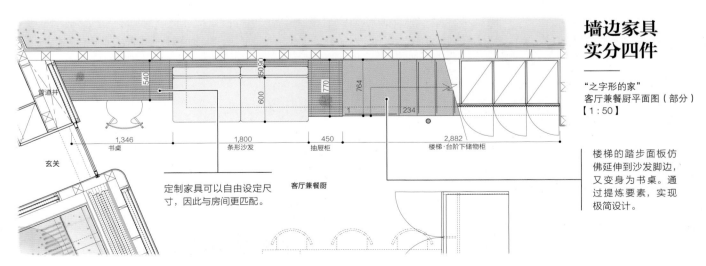

楼梯的踏步面板仿佛延伸到沙发脚边，又变身为书桌。通过提炼要素，实现极简设计。

普通井

玄关

书桌
条形沙发
抽屉柜
楼梯·台阶下储物柜

客厅兼餐厨

定制家具可以自由设定尺寸，因此与房间更匹配。

540
150 90
600
770
764
1
234
1,346
1,800
450
2,882

低调而实用的家具

　　客厅窗边，一块地面低于周围地板，形成下沉式空间。这方小凹地边长约2.1m，里面安装了定制沙发。直接坐在下沉区，背靠台阶也无妨。在这里，家人朋友可以促膝长谈，亲密无间。

　　下沉区中央放着一只脚凳，造型惹人喜爱。把垫子取下放在地上，就立刻变身为坐垫和小咖啡桌，十分方便。在小空间设计家具时，要适合空间尺度且便于使用。

小小的下沉式空间位于客厅一角，选用了令人感到温暖的面材。人在其中，仿佛被环抱，分外安适。此时也少不了映着绿树的窗景和洒进窗的光线。

为小小的下沉区
定制脚凳

"常盘之家"
上：脚凳侧面图·剖面图【1:10】
下：脚凳详图【1:2】

这只脚凳功能多样。为了与小小的下沉区相称，设计得精致而简洁沉稳。

材质与定制的条形沙发保持一致。在小空间，要尽量精简要素，协调整体效果。

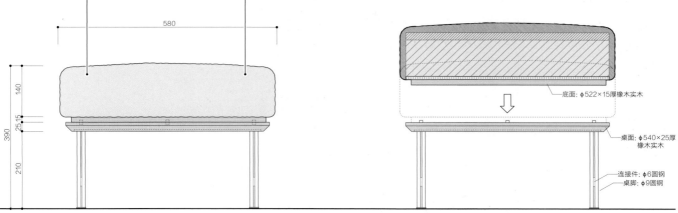

580

140
25 15
390
210

底面：φ522×15厚橡木实木

桌面：φ540×25厚橡木实木

连接件：φ6圆钢
桌脚：φ9圆钢

平时作为脚凳使用（上图），取下圆垫就是小桌（下图）。

垫子填充材料

9厚胶合板

底面：φ522×15厚橡木实木

销钉：φ9

磨圆棱角
磨圆棱角
磨圆棱角

桌面：φ540×25厚橡木实木

25×4.5扁钢

支两根细钢棍，稳固结构，并营造细腻外观。

φ9圆钢   φ9圆钢

φ6圆钢

9 9 15
15
9
40
16 25 15
45°
30 15
250
210
24
57.8 60

25
1.5 22 1.5
9 4 9

8 8
25 9 9
8 8

φ9圆钢

φ6圆钢   焊接

9 4 9
25
2.2

φ25×2.2厚钢板   毛毡脚垫

地台如同
定制家具

"元浅草之家"
地台剖面详图【1∶15】

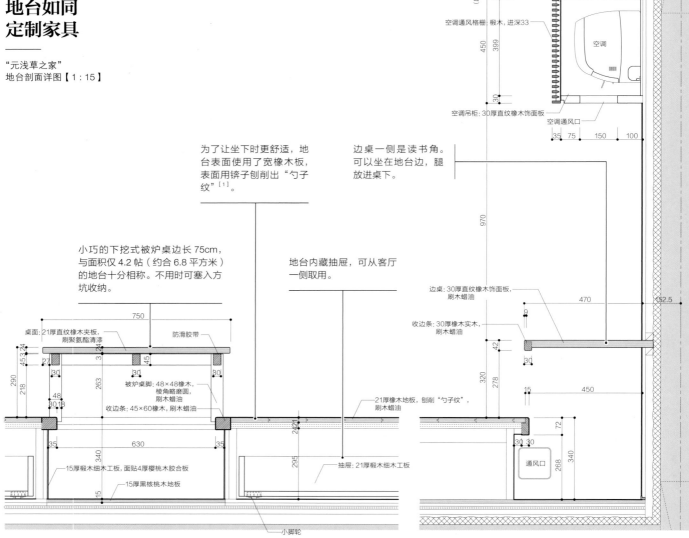

为了让坐下时更舒适，地台表面使用了宽橡木板，表面用锛子刨削出"勺子纹"[1]。

边桌一侧是读书角。可以坐在地台边，腿放进桌下。

小巧的下挖式被炉桌边长 75cm，与面积仅 4.2 帖（约合 6.8 平方米）的地台十分相称。不用时可塞入方坑收纳。

地台内藏抽屉，可从客厅一侧取用。

空调通风口

空调通风格栅：椴木，进深33

空调

空调吊柜：30厚直纹橡木饰面板

空调通风口

120 （距天花板）
21
450 399
30
35 75 150 100

边桌：30厚直纹橡木饰面板，刷木蜡油

收边条：30厚橡木实木，刷木蜡油

970
470 152.5
42
30
320 278

桌面：21厚直纹橡木夹板，刷聚氨酯清漆

防滑胶带

被炉桌脚：48×48橡木，棱角略磨圆，刷木蜡油

收边条：45×60橡木，刷木蜡油

750
45 24
27 3 45
30 30 30
290 263
218
48
30 18
35 630 35
340
15
15厚椴木细木工板，面贴4厚樱桃木胶合板
15厚黑核桃木地板

21厚橡木地板，刨削"勺子纹"，刷木蜡油

24 21
295

抽屉：21厚椴木细木工板

小脚轮

450
15
72
30 30
268 340

通风口

适合"床座"的地台

对日本人来说，"进屋脱鞋""床座"的习惯根深蒂固。人们不把室外的尘土带进屋，如此洁净的室内最适合舒坦地席地而坐。

在"元浅草之家"，客厅一角的楼面架高，做成地台。虽然只有 4.2 帖（约合 6.8 平方米），但有可收起的下挖式被炉桌和读书角。地台可以随心所欲地或躺或坐，或者用作长凳，如今已成为住户一家的最爱。地台内设大抽屉，作为宽裕的储物空间。

地台比客厅楼面高 34cm。表面铺橡木，加以刨削，形成"勺子纹"，手摸、脚踩都很舒适，也能融入西式风格的客厅。

译注：
[1]勺子纹（spoon cut）：一种木材表面刨削加工后形成的凹凸纹理。由于每块纹理边缘呈圆弧形，像用勺子挖出，故名。

多功能的设计
让玄关更清爽

玄关是住宅的脸面。它一般较狭窄，所以应尽量收纳日常用品，保持整洁。安装装饰柜或扶手等构件时，设计要简练。让一个构件承担多种功能，更容易设计妥当，且显得协调。

在"下高井户之家"，玄关面积约3帖（约合4.9平方米），通向鞋帽间。玄关里只有窗户和装饰架，后者在脱鞋时还兼作扶手。物件精简的玄关，更能衬托出映入矮窗的中庭草木。

玄关没有杂物
但功能完备

"下高井户之家"
上：玄关周围平面图【1:50】
下：玄关内部立面图【1:50】

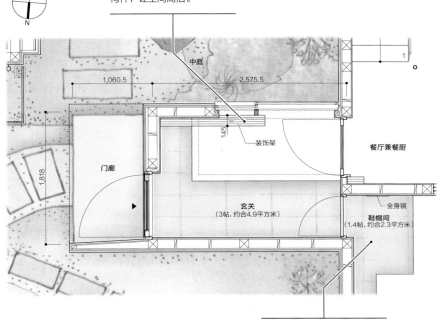

正因为空间很小，窗户映出的风景成为主角。尽量减少其他构件，让空间简洁。

N

中庭

1,060.5

2,575.5

145

装饰架

门廊

1,818

餐厅兼餐厨

玄关
（3帖，约合4.9平方米）

全身镜

鞋帽间
（1.4帖，约合2.3平方米）

鞋帽间不仅收纳鞋子，也可放置清扫工具。

装饰架也是扶手。如果设计太凸显构件功能，会让有限的空间更显狭窄。

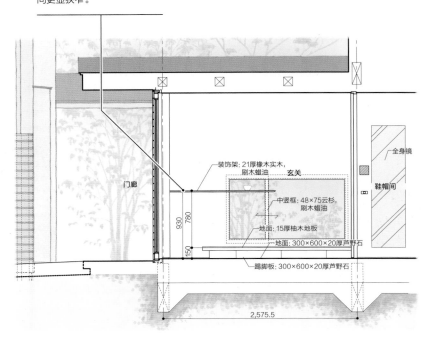

门廊

装饰架：21厚橡木实木，刷木蜡油

玄关

中竖框：48×75云杉，刷木蜡油

地面：15厚柚木地板

全身镜

鞋帽间

930

780

150

地面：300×600×20厚芦野石

踢脚板：300×600×20厚芦野石

2,575.5

兼作扶手的装饰架与窗户相映衬，满足功能的同时也美化了空间。

小留白为生活增彩

在住宅中留白是设计的一大重要课题。如果有一面空白的墙，可以挂上画或照片；即使只是一道窄缝，也能用小摆设装点。像这样，让住户自行装扮留白处，生活才能更有乐趣。

在占地面积仅 9 坪（约合 29.8 平方米）的"垂直露地之家"，一走进玄关，迎面就是螺旋楼梯。其实，在这样紧凑的小房子，留白更能大显身手。挑空处的墙上留有壁龛。小雕塑和陶器排列其中，温和地迎接家人和访客。大窗前摆放的小型观叶植物不仅令空间洋溢着静谧，也营造出与窗外行道树之间的层次感。

落在楼梯间的树影和光斑，窗台上、窗外的绿意……一个个小元素装点空间，给家人送上优美的风景。

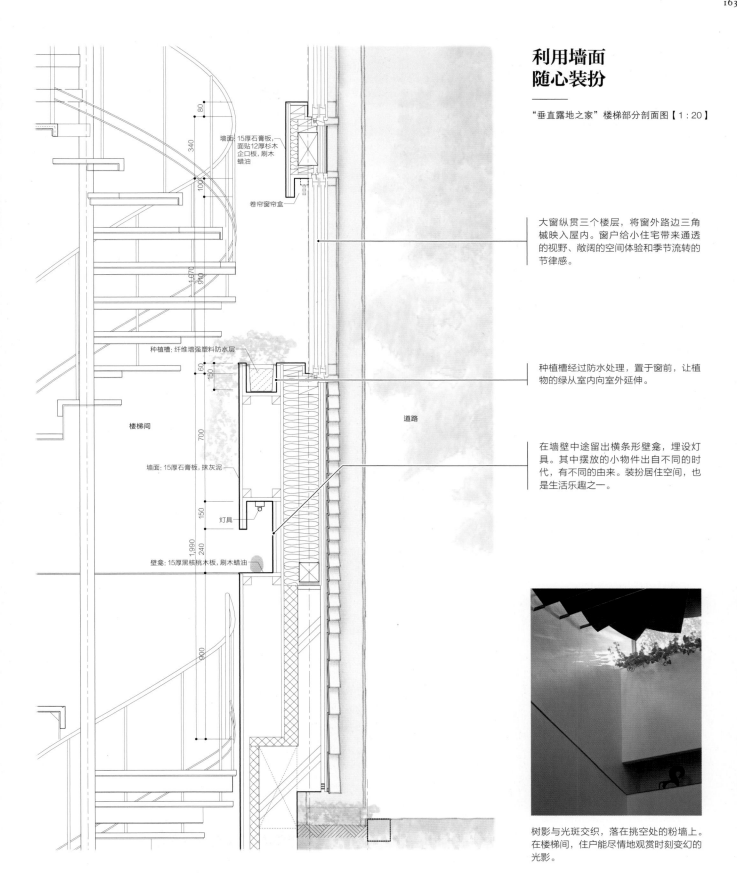

利用墙面
随心装扮

"垂直露地之家"楼梯部分剖面图【1:20】

墙面:15厚石膏板,
面贴12厚杉木
企口板,刷木
蜡油

卷帘窗帘盒

种植槽:纤维增强塑料防水层

楼梯间

道路

墙面:15厚石膏板,抹灰泥

灯具

壁龛:15厚黑核桃木板,刷木蜡油

80
340
100
1,070
910
60
150
700
150
1,990
240
900

大窗纵贯三个楼层,将窗外路边三角槭映入屋内。窗户给小住宅带来通透的视野、敞阔的空间体验和季节流转的节律感。

种植槽经过防水处理,置于窗前,让植物的绿从室内向室外延伸。

在墙壁中途留出横条形壁龛,埋设灯具。其中摆放的小物件出自不同的时代,有不同的由来。装扮居住空间,也是生活乐趣之一。

树影与光斑交织,落在挑空处的粉墙上。在楼梯间,住户能尽情地观赏时刻变幻的光影。

专栏
修建、入住新居所感

"之字形的家"竣工于 2015 年。在采访中，业主野田夫妻讲
述了修建新居过程中的艰辛和住进新家的感受。

※ 见 10、11、34、35、94、95、106、107、133、146、147、156、157 页

住宅概况

之字形的家

结构规模：木结构 2 层
家庭成员：夫妻 2 人
设计时间：2013 年 11 月—2014 年 7 月
施工时间：2014 年 8 月—2015 年 3 月

新家如人，魅力无穷

"太痛苦了，简直喘不过气。"

每个人都曾有这样的时刻。这时，人们就想快点回家。不过有时也想先绕个远，再回去。这么思忖着，不知不觉已经回到家门前。没错，在我家也可以"绕个远"。从用地入口到玄关，必须多走几步。住宅本身就是之字形的，通往玄关的路，亦非笔直，而是曲折蜿蜒。依次打开三道门，才能回到家中。说起来好似宏伟的大宅，其实这段门前小道长不过十步上下。"走进用地，穿行于绿树间。一边迈步，一边让自己从工作状态调整为休憩状态。"——设计开始前，我如此设想。而设计师实现了我的梦想，让它有了具体的形态。打开门，走进玄关，人已经完全松弛，如坠美梦之中。

"为什么要多绕两三步路呢。"

看到设计图时，我妻子还很讶异。现在，每天回家时她也笑脸盈盈。

休息日总和家人在家中度过。但我们不会因为一直在一起而烦闷，因为我家有许多可以"歇脚"的地方。不，不止"许多"，而是"随处可见"。

有时，客人也会惬意地仰躺在客厅。有一次，客人朝着天花板赞叹："啊，这景象太美了！"像这样，客人常常会发现居住者没能察觉的新风景。设计师能考虑到各个视角看到的景致，想必归功于他在造型领域的高深造诣。

在这里，孩子们兴奋地四处乱跑，大人们也谈笑风生，忘记了时间。设计师为我们完成的设计，让生活空间向住户、邻居、访客、行人，乃至所有人敞开怀抱，让我们无论处于哪个视角，感官都有舒适的体验。

从空中俯瞰，也同样如此——即使用小型无人机航拍，我家也展现出优美的形态。这么说来，对飞鸟而言，这栋屋宇或许正是绝佳的"歇脚"处。

因为能感受到家与外界和缓相连，所以每逢假日，我总想留在家中。但是，那绝不会成为懒散的时光。我或许在潜意识中感受到，宅中随处彰显着明晰的哲理与格调，所以精神也随之振奋。这座房子，胸襟宽广，不强加任何价值观，又有适度的张力。样貌凛然，又不时流露活泼柔美。我家散发着无穷魅力。

逻辑明确，没有疏漏与谬误——这样的态度在现代备受尊崇。如果"绕远路""歇脚""曲折回环"，因为看似效率低下而遭摒除，人必然身心失衡，陷入窒息。

住进新家已经一年了。我忽然意识到，这间设计工作室名叫"游空间"的意义正在于此。我也想让我的人生，拥有我家的姿态。

（男主人）

窗扇撷取一方绿意
在客厅兼餐厨，赏雪障子[1]截取出中庭风景。

下沉书房令人安适
书房地面比玄关低两级台阶。台阶上也可以坐人。

译注：
[1] 赏雪障子：上半部糊纸，下半部镶玻璃的障子，从玻璃部分可以看到室外。尤其在冬天，可用于足不出户观赏院中雪景，故名。

眺望中庭

把客厅窗扇全打开，看中庭对面的书房。

窗边的座位

书房的窗台足够深，不妨坐上去看景。

终日在家，也不厌倦

住进新家，生活一下子变了样。因为想看防雨门外清晨的庭院，想看洒进客厅的阳光，天还没亮，我就早早起床。然后从院子采几枝花草，插进瓶中，和丈夫一起做早饭。在枫树上吵架的是不是灰椋鸟？今年柚子几时成熟？亲身感受季节，个中乐趣也成为我们的谈资。

无论工作还是休息，在家中度过的时光都明显变长了。既因为在住宅内外，随处都能感到我们是大自然的一分子，也因为在家里想做的事数不胜数。想坐在台阶上看书，想用刚采下的加拿大唐棣做麦芽。连清扫、整理、收拾院子这些家务都变得令人期待。假日傍晚，在二层架高的榻榻米空间，最适合一边读报，一边目睹从小窗洒进的天光逐渐暗淡，于是越发留恋假日最后的时光。只要敞开推拉门，卧室和书房就连成一个大空间，所以孩子们来玩时也最中意这里。傍晚时分，障子透出灯光，仿佛点亮了纸灯笼。直到现在，每天新的惊喜和发现依旧源源不断。

我最喜欢在能看得到中庭的客厅，和家人、朋友共享放松的时光，所以现在我们几乎不去饭店用餐。墙边的沙发、楼梯、厨房、二层，无论在哪里，赏雪障子映出的青苔，都如画般跃入眼帘。在厨房，客人会默默为大家冲咖啡、帮忙收拾餐桌。一层书房为下沉式，令人安心地藏身其中。有时书房又能将大家聚拢于此，可以一边听钢琴曲，一边和亲友坐在小小的台阶上聊天。穿行于一个又一个房间，路线曲折，像在散步。所以即使整天都在家中，也不会厌倦。这是"所有人的家"，不断为我们创造难忘的回忆。

请高野先生设计新家时，丈夫说，我们可以不提具体要求，"全权交给设计师决定"。起初，我不太理解丈夫的想法。后来，我们和设计师一起谈论从今往后的生活，亲眼见证这些设想一天天凝结为超乎想象的设计，我深受震撼。高野先生并不健谈，但是他所说的每一句话，设计的每个细节，其实都经过复杂的考量。不知从何时起，我们很少再提要求，而是不断好奇地询问设计背后的意义。我家的设计看似新颖，其实是脱胎于"古"的"温故知新"。"新"设计扎根于代代相传的文化传统，给当下的住宅与街区面貌带来新的活力。而不可思议的是，这些"新"设计显得如此亲切自然，好像古已有之，令人感到熟悉而平和。现在我由衷感到，住宅也是家庭的一员，街区的一员。

（女主人）

"之字形的家"观景点

一层平面图【 1:150 】

索引

07 │ 经堂之家

规模：木结构＋钢筋混凝土结构 2F/
  用地：100.00m² / 建筑面积 98.77m²
施工：泷新
结构：长坂设计工舍
造园：青山造园
页码：112、113

08 │ 御殿山之家

规模：木结构 2F/ 用地：133.14m²/
  建筑面积 91.52m²
施工：渡边技建
结构：长坂设计工舍
造园：青山造园
页码：72、73

09 │ 狛江之家

规模：木结构 2F/ 用地：195.20m²/
  建筑面积 320.84m²
施工：渡边技建
结构：长坂设计工舍
造园：青山造园
页码：62、63

10 │ 下高井户之家

规模：木结构 2F/ 用地：270.26m²/
  建筑面积 112.09m²
施工：内田产业
结构：长坂设计工舍
造园：青山造园
页码：74、75、84、85、161

11 │ 石神井町之家 II

规模：木结构 2F/ 用地：105.31m²/
  建筑面积 103.63m²
施工：内田产业
结构：山崎亨构造设计事务所
造园：青山造园
页码：18、19

12 │ 石神井町之家 III

规模：木结构 2F/ 用地：122.02m²/
  建筑面积 101.34m²
施工：渡边技建
结构：正木构造研究所
造园：青山造园
页码：54、55

13 │ 成城之家

规模：木结构 2F/ 用地：235.74m²/
　　　建筑面积 163.52m²
施工：渡边技建
结构：长坂设计工舍
造园：荻野寿也景观设计
页码：28、29、30、31、36、37、58、59

14 │ 浅间町偏屋

规模：木结构 2F/ 用地：412.74m²/
　　　建筑面积 75.28m²
施工：武田工务店
结构：长坂设计工舍
造园：一
页码：96、97

15 │ 千驮木之家

规模：木结构 2F+ 钢筋混凝土结构 B1F/
　　　用地：100.34m²/ 建筑面积 123.69m²
施工：内田产业
结构：长坂设计工舍
造园：青山造园
页码：14、15、22、23、48、49

16 │ 垂直露地之家

规模：木结构 3F+ 钢筋混凝土结构 B1F/
　　　用地：44.12m²/ 建筑面积 89.66m²
施工：内田产业
结构：正木构造研究所
造园：青山造园
页码：52、53、70、71、132、149、162、163

17 │ 绿荫环绕之家

规模：木结构 2F/ 用地：100.85m²/
　　　建筑面积 106.28m²
施工：渡边技建
结构：正木构造研究所
造园：荻野寿也景观设计
页码：38、39、122、123、142、143

18 │ 之字形的家

规模：木结构 2F/ 用地：147.90m²/
　　　建筑面积 105.29m²
施工：渡边技建
结构：正木构造研究所
造园：青山造园
页码：10、11、34、35、94、95、106、107、133、
　　　146、147、156、157

19 │ 常盘之家

规模：木结构 2F/ 用地：79.71m²/
建筑面积 83.78m²
施工：内田产业
结构：长坂设计工舍
造园：青山造园
页码：20、21、86、87、102、103、130、131、
158、159

20 │ 西大口之家

规模：木结构 2F/ 用地：206.46m²/
建筑面积 104.94m²
施工：石和建设
结构：长坂设计工舍
造园：青山造园
页码：68、69、93

21 │ 东村山之家

规模：木结构 2F/ 用地：277.87m²/
建筑面积 111.04m²
施工：内田产业
结构：长坂设计工舍
造园：青山造园
页码：104、105、114

22 │ 邻光之家

规模：木结构 2F/ 用地：139.96m²/
建筑面积 83.43m²
施工：中野工务店
结构：正木构造研究所
造园：青山造园
页码：12、13、24、25、46、47、92、128、129、
155

23 │ 二子玉川之家

规模：木结构 2F/ 用地：115.03m²/
建筑面积 79.80m²
施工：大同工业
结构：正木构造研究所
造园：青山造园
页码：80、81、90、91

24 │ 府中之家

规模：木结构 2F/ 用地：121.04m²/
建筑面积 108.80m²
施工：内田产业
结构：长坂设计工舍
造园：青山造园
页码：56、57、98、99

25 │ 妙莲寺之家

规模：木结构 2F/ 用地：183.50m²/
建筑面积 114.77m²
施工：石和建设
结构：正木构造研究所
造园：青山造园
页码：100、101

26 │ 元浅草之家

规模：钢筋混凝土结构 3F/ 用地：122.59m²/
建筑面积 235.87m²
施工：Monolith 秀建
结构：正木构造研究所
造园：荻野寿也景观设计
页码：66、67、110、111、134、135、148、154、
160

27 │ one-story house

规模：木结构 1F/ 用地：500.00m²/
建筑面积 163.05m²
施工：上村建设
结构：正木构造研究所
造园：青山造园
页码：126、127、136、137

28 │ Terrace & House

规模：木结构 2F/ 用地：860.45m²/
建筑面积 266.33m²
施工：渡边技建
结构：长坂设计工舍
造园：青山造园
页码：82、83、88、89、108、109、124、125

29 │ Trapéze

规模：钢筋混凝土结构 3F/ 用地：147.90m²/
建筑面积 259.23m²
施工：丰升
结构：正木构造研究所
造园：荻野寿也景观设计
页码：26、27

图尔库复活礼拜堂（芬兰）（Resurrection Chapel, Turku）/ 艾瑞克·布雷曼（Erik Bryggman）

照片出处

照片

雨宫秀也	P16 下、17（166 中上）
石井雅义	P64（166 左下）
石曾根昭仁	P68 右上、93 下、107 左
冈村亨则	P2 下（44 上）、8、9、33、74 左（167 左下）·右、79、84 下、96、97、98、99、115、117、140、144 上、145、152、156 上·下、161、166 右上、168 中上、169 右下
富田治	P18 上（167 中下）·下、19、120 左·右
鸟村钢一	P2 上（28）、4（108 上）、5（136 下）、15（168 右上）、23 左下·右下、27 上·左下·右下、28、30 上·下、36 上·下、38、40 上·左下、49 上·下、54、55、58 下、60、61、72 上·下、76、80 上·下、82、83 左·右、88 上·下、89、90、91（169 中下）、104 上·下、108 下、112 右·左（167 左上）·右、114、122 左·右、123、124 上·下、126、127、136 上、142 左·右、163、166 中下、167 中上·右下、168 左下·中下、169 右上、170 右上·右下·左下、封面
西川公朗	P6、10、12、20 左上·右（169 左上）、25 上·下、34 下、47 左·右、50 上·左下·右下、53 左·右、66、67、70、86、87、100 上·下、101、102、103、107 右、110 左·右、128 左·右、129、130、131、132 左、133、134、135、138、141、148 上·下、150、154、155、158、159 上·下、160、162、164 左·右、165 上·下、166 左上、168 左下、170 左上·中上
畑拓	P168 右下
平井宏行	P116、166 右下
目黑伸宣	P44 左下·右下、78、144、153
Flavio Gallozzi	P42、175

※ 未列出的照片均由游空间设计室拍摄